HUNDE-ERZIEHUNG

mit Holger Schüler

- Hunde verstehen
- Probleme lösen
- Trainieren für den Alltag

Müller Rüschlikon

Einbandgestaltung: R2 I Ravenstein, Verden
Titelfoto sowie Fotos auf den Seiten 4/5, 9 links oben, 25, 26/27, 32 rechts, 191: Tina Feldhoff

Alle übrigen Fotos stammen von Lars Reuther und Sibylle Roderer.

Die Texte in diesem Buch wurden von Sibylle Roderer erstellt.

Der Text von Kapitel 10 stammt von Lena Schwarz.

Eine frühere Ausgabe dieses Buches ist unter der ISBN 978-3-275-01687-7 erschienen.

ISBN 978-3-275-02188-8

Postfach 103743, 70032 Stuttgart
Ein Unternehmen der Paul Pietsch Verlage GmbH & Co. KG

1. Auflage 2020

Sie finden uns im Internet unter www.mueller-rueschlikon-verlag.de

Innengestaltung: Dodo Roderer; tebitron GmbH, 70839 Gerlingen
Druck und Bindung: Graspo CZ, 76302 Zlin
Printed in Czech Republic

Inhalt

Kapitel 1:
Die Grundlagen einer guten Beziehung

WER SICH EIN HUNDEERZIEHUNGSBUCH KAUFT (ODER EINEN HUNDEERZIEHUNGSBERATER ANRUFT), ERWARTET ANTWORTEN: eine klare Anleitung, quasi eine »Gebrauchsanweisung« für seinen Hund. Schnelle Problemlösung inklusive. Das gibt es natürlich nicht – und das ist auch gut so. Denn zum Glück sind unsere Hunde keine Maschinen, bei denen man nur das richtige Knöpfchen drücken muss. Sie sind lebendige Wesen und einzigartige Persönlichkeiten – in der Lage zu lieben und geliebt zu werden, Freund und Partner zu sein. Leider wird das manchmal vergessen. Der Hund nervt, weil er nicht hört, weil er an der Leine zieht, weil er aggressiv zu anderen Hunden oder gar Menschen ist. Irgendetwas läuft da schief zwischen Mensch und Hund. Aber was? Als Hundeerziehungsberater erlebe ich es – seit mittlerweile 26 Jahren – immer wieder: Ich werde zu einem »Problemhund« gerufen, und die hoffnungsvollen Besitzer erwarten einen Hundetrainer, der nun endlich ihren Hund erzieht. Natürlich ahnen sie, dass sie wohl auch irgendetwas falsch gemacht haben müssen. Trotzdem ist es für die meisten ein Schock, von mir zu hören dass sie selbst tatsächlich die – meist einzige! – Ursache für die Probleme mit ihrem Hund sind. Nicht jeder akzeptiert das, aber die meisten sind bereit für den Neuanfang. Und der ist für die Menschen viel schwieriger als für den Hund. Der ist einfach nur froh und glücklich, endlich verstanden zu werden.

WER SEINEN HUND GUT UND RICHTIG ERZIEHEN WILL, DER MUSS BEI SICH SELBST ANFANGEN.

Ich höre immer: Der Hund will nicht hören, nicht alleine bleiben oder nicht bei Fuß gehen. In Wirklichkeit tun unsere Hunde in der Regel genau das, was wir ihnen signalisieren. Nur wissen viele Hundehalter gar nicht, was sie ihrem Hund eigentlich unbewusst mitteilen. In der Hundearbeit geht es deshalb darum, den Hund zu verstehen – und das eigene Verhalten zu analysieren, sich bewusst zu machen und schließlich zu verändern. Unsere Hunde können Worte und Gelerntes verknüpfen, verstehen gesprochene Sprache aber nicht. Sie verstehen hingegen sehr wohl, was wir ihnen durch unsere Körpersprache und durch unser Verhalten mitteilen. Allerdings sind diese Signale für sie oft verwirrend und widersprüchlich. Kein Wunder, dass der Hund seine eigenen Schlüsse zieht – oder den Menschen einfach ignoriert.

DER SCHLÜSSEL ZUR ERFOLGREICHEN HUNDEARBEIT IST DIE KOMMUNIKATION.

Mein Ziel in der Hundeerziehung ist es nicht, einen Hund perfekt »abzurichten«. Es geht nicht darum, Kommandos einzupauken, unbedingten Gehorsam zu erzwingen, Verbote durchzusetzen, notfalls mit Gewalt. Natürlich könnte man das tun – viele tun das auch – aber dabei bleibt die Persönlichkeit des Hundes auf der Strecke, und damit auch die Freude am Hund. Ich möchte aus Mensch und Hund ein Team formen: Aus dem Zweibeiner

und dem Vierbeiner wird eine Einheit **»auf 6 Pfoten«**.

Und was ist mit Kommandos, Gehorsam und Verboten? Natürlich soll mein Hund auf mich hören, meine Wünsche befolgen und sich an Verbote halten – aber wenn wir ein Team sind, dann wird er das viel bereitwilliger und selbstverständlicher tun, als wenn er nur aus Angst und Unterdrückung heraus auf mich hört. Das ist ein gewaltiger Unterschied.

WENN DAS TEAM »AUF 6 PFOTEN« FUNKTIONIERT, LÖSEN SICH VIELE PROBLEME FAST VON ALLEINE.

Sie denken, Sie sind längst ein gutes Team? Ihr Hund liebt Sie bedingungslos (nur leider klappt es noch nicht ganz mit all dem anderen). Machen Sie den Teamcheck im ersten Kapitel und überdenken Sie Ihre Beziehung zu Ihrem Hund noch mal.

Das Team Hund-Mensch kann nur funktionieren, wenn beide Partner wissen, was ihre Rolle ist und diese auch ernst nehmen. Der Hund soll stets auf seinen Menschen achten. Er soll sich unterordnen und gehorchen. Da sind sich alle einig. Wenn der Hund dem Menschen aber bedingungslos folgen soll, dann bedeutet das: Der Mensch muss genauso auf seinen Hund achten. Er muss eine starke Führung sein, 100 % verlässlich und souverän in jeder Hinsicht. Hand aufs Herz: Sind Sie das? Oder sind Sie vielleicht doch nur der Dosenöffner für Ihren Hund?

KEIN WESEN AUF DER WELT IST SO BEDINGUNGSLOS BEREIT, ALLES FÜR UNS ZU TUN, WIE DER HUND. ER HAT ES VERDIENT, DASS WIR AUCH UNSEREN TEIL DER ABMACHUNG ERFÜLLEN!

Es kommt also nicht (nur) darauf an, dass dieses Kommando oder jene Übung klappt, sondern das Team muss funktionieren. Ihr Hund unterscheidet nicht zwischen Arbeit und Spiel, »jetzt üben wir« und »jetzt haben wir einfach nur Spaß«. Wann immer Sie und Ihr Hund zusammen sind, bilden Sie ein Team. Das bedeutet, an der Beziehung arbeiten Sie und Ihr Hund immer, ganz gleich, ob Sie gerade auf dem Hundeplatz sind oder »nur« eine kleine Runde rausgehen. Mal intensiver, wenn Ihr Hund gerade etwas Neues lernen soll, mal entspannter, weil Sie schon ein gutes Team geworden sind und vieles schon von ganz alleine klappt. Aber:

DIE REGELN DES TEAMS »AUF 6 PFOTEN« GELTEN ZU JEDER ZEIT UND IN JEDER SITUATION!

Und das wichtigste: Denken Sie immer daran, warum Sie sich überhaupt einen Hund angeschafft haben. Nicht um sich zu ärgern, nicht um ständig zu schimpfen, zu zerren oder gar zu schlagen, sondern weil Sie Freude an Ihrem Haustier haben wollten. Ist Ihnen diese Freude ein Stück weit abhanden gekommen? Dann wird es Zeit, wieder Spaß am Zusammensein mit Ihrem Hund zu bekommen. Nicht erst, wenn die Erziehung abgeschlossen oder die Probleme gelöst sind, sondern ab jetzt. Lächeln Sie, freuen Sie sich an jedem kleinen Erfolg und ärgern Sie sich nicht über Misserfolge, sondern arbeiten Sie daran. Es ist nicht schlimm, mal auf die Nase zu fallen, sondern nicht wieder aufzustehen. Bleiben Sie dran!

HUNDEARBEIT MACHT SPASS!

Dieses Buch richtet sich an Hundebesitzer, die ganz alltägliche Probleme mit ihrem Vierbeiner haben. An diesen typischen Problemen entlang ist das Buch aufgebaut. Oft sind das (noch) keine ausgewachsenen »Riesenprobleme« – aber sie könnten es werden! Andererseits sind Probleme, die jahrelang den Spaß am Hund ernsthaft beeinträchtigt haben, gar nicht so schwer zu beheben – wenn man weiß, wie.

Für alle großen und kleinen Probleme gilt: Es gibt keine isolierten Probleme. Kein Hund ist zuhause perfekt und macht nur draußen Probleme. Nicht selten liegt die Wurzel des »Übels« ganz woanders, als der Hundehalter vermutet. Als Hundeerziehungsberater schaue ich mir immer die Gesamtsituation an und beginne die Arbeit oft an einem für den Halter ganz unerwarteten Punkt. So sollten Sie auch als Leser dieses Buches vorgehen: Lesen Sie erst alle Themen in diesem Buch, auch wenn Sie in diesem Bereich bei sich keine Probleme sehen. Überprüfen Sie Ihr Verhalten in jedem Punkt und versuchen Sie nicht, nur an einer Stelle anzusetzen. Ebenso wenig wird es funktionieren, einen Punkt nach dem anderen abarbeiten zu wollen – jeder Bereich der Hundeerziehung überschneidet sich mit jedem anderen. Übertragen Sie Gelerntes aus einem Bereich in den anderen. Versuchen Sie immer, das gesamte Gefüge der Beziehung zu Ihrem Hund zu sehen.

Hunde und Menschen sind komplexe, individuelle Lebewesen mit einem komplizierten Sozialverhalten, die beide lernen müssen, miteinander richtig umzugehen – das kann man nicht auf ein simples »mein Hund soll nicht an der Leine ziehen!« reduzieren.

WAS TUN, WENN DIE PROBLEME SCHON SO GRAVIEREND SIND, DASS IHNEN KEINE RATSCHLÄGE AUS EINEM BUCH MEHR WEITERHELFEN?

Vor allem, wenn ein Hund aggressiv geworden ist, geraten Laien an die Grenzen dessen, was zu verantworten ist. Daher findet sich in diesem Buch auch kein Kapitel über (gravierend) aggressives Verhalten. Um mit aggressiven Hunden richtig umzugehen, braucht man ein großes Maß an Erfahrung und vor allem ein absolut souveränes, sicheres Auftreten gegenüber dem Hund – beides in einem Buch vermitteln zu wollen, wäre fahrlässig. In einem solchen Fall kann nur noch ein Profi helfen. Ich empfehle immer einen Trainer, der zu Ihnen nach Hause kommt – die Arbeit auf einem Hundeplatz hat nämlich oft nur wenig Auswirkungen auf das Alltagsverhalten. Achten Sie bei der Auswahl des Ausbilders auf dessen Qualifikationen und vor allem darauf, ob die Methoden und Ziele zu Ihnen und Ihrem Hund passen. Viele der Tipps in diesem Buch werden aber dazu führen, dass sich ein leichtes aggressives Verhalten legt – oder erst gar keine Aggression entsteht.

In diesem Buch werden einige Fälle aus der Praxis beschrieben. Für sie – wie für alle »Problemhunde« galt und gilt: Kein Problem kann isoliert betrachtet werden. In den Fallgeschichten ist zwar nicht jedes Mal jeder einzige Schritt der Übungsstunden beschrieben – das würde doch irgendwann langweilig werden. Gemacht haben wir diese Schritte dennoch jedes Mal.
Ich habe versucht, die vielen kleinen Bausteine, aus denen eine gute Beziehung entstehen kann, möglichst genau und nachvollziehbar zu beschreiben. Trotzdem kann man dieses Buch nicht wie eine Anleitung zu mechanischem Nachmachen lesen. Jeder Hund und jeder Mensch ist anders, jedes Team hat seine eigene Geschichte und seine eigenen Stärken und Schwächen. Es gibt keine Standardlösung für jedes Problem. Entscheidend ist, die Logik hinter den einzelnen Elementen zu verstehen, um sie auf die eigene Situation übertragen zu können. Nur wer die Ursache eines Problems versteht, kann es beheben.

Das wird nicht von heute auf morgen passieren – selbst wenn Sie plötzlich alles »richtig« machen würden (was kein Mensch kann). Sehr vieles zwischen Hund und Mensch geschieht unbewusst, es braucht Zeit und Geduld, um diese Dinge zu erkennen und zu verändern. Fehler und Missverständnisse, die sich über Jahre eingeschliffen haben, werden nicht über Nacht verschwinden. Kein Hund-Mensch-Team ist perfekt – mich und meine eigenen Hunde eingeschlossen. Das Ziel meiner Arbeit ist nicht Perfektion, sondern Freude für Hund und Mensch: ein Team **»auf 6 Pfoten«**.

EINIGE DER MITWIRKENDEN IN DIESEM BUCH

Von oben nach unten und von links nach rechts: Meine eigenen Hunde, der Chesapeake Bay Retriever Dakota und Falk und die Berner Senner-Hündin Siska. Jack Russell Terrier Jack, Rehpinscher Daja. Arnold, ein Vizsla, hier gerade 13 Wochen alt. Die zweijährige Schäferhündin Holly und die 13 Monate alte Gila, ebenfalls ein Vizsla .

Auf 6 Pfoten – die sechs Bausteine der Hundeerziehung

BINDUNG

Meine Überzeugung: Probleme entstehen, weil die Bindung zwischen Hund und Mensch nicht stark und zuverlässig ist. Daran zu arbeiten ist in meiner Arbeit das wichtigste.

Viele meiner Kunden wundern sich, weil wir meist gar nicht direkt an ihrem Problem arbeiten, sondern vermeintlich an etwas ganz anderem. Denn der wichtigste Teil meiner Arbeit ist es, eine starke Bindung zwischen Hund und Mensch aufzubauen.

Bindung ist Ausgangspunkt und Ziel guter Hundearbeit.

DIE FOLGENDEN FÜNF PUNKTE SIND DIE BAUSTEINE, AUS DENEN EINE STABILE BINDUNG ERWACHSEN KANN.

KONSEQUENZ

Das A und O jeder Erziehung – jedem völlig klar und doch so schwer umzusetzen. Warum eigentlich? Die meisten Menschen würden von sich behaupten, dass sie ihren armen Hund eben nicht dauernd maßregeln wollen. In Wirklichkeit ist es meistens ganz einfach Bequemlichkeit.

Stellen Sie Ihren Hund und sich selbst nur vor lösbare Aufgaben. Fordern Sie immer nur so viel, wie Sie auch durchsetzen können, und steigern Sie sich in ganz kleinen Schritten. Wer zu viel will, handelt am Schluss inkonsequent – und das bedeutet jedes Mal einen Schritt zurück.

AUFMERKSAMKEIT

Das Ziel meiner Hundearbeit ist ein wacher, aufmerksamer Hund, der auf den Menschen achtet. Ein aufmerksamer Hund reagiert auf feine Signale und arbeitet selbstständig mit, ohne auf Schritt und Tritt gelenkt und kontrolliert zu werden. Um einen Hund zu Aufmerksamkeit und Feinfühligkeit zu erziehen, ist natürlich dasselbe vom Menschen gefordert.

KOMMUNIKATION

Bevor Ihr Hund tun kann, was Sie möchten, muss er Sie erst mal verstehen. Die meisten Hunde verbringen ihr Leben mit Rätselraten. Und nicht selten sendet der Mensch die falschen Signale.

Lernen Sie zu kommunizieren!

AKTION – REAKTION

Sie wollen in Ihrer Beziehung mit Ihrem Hund das Sagen haben. Dazu ist es gar nicht nötig, dass Sie den starken Mann oder die starke Frau spielen. Ihr Hund bemerkt viel subtilere Signale. Er beobachtet genau, wer von Ihnen beiden die Initiative hat, die Entscheidungen trifft. Sehr häufig ist zu beobachten, dass Hundehalter auf das Verhalten ihres Hundes reagieren – der Hund bringt das Bällchen, sie spielen. Der Hund bleibt stehen, der Mensch auch. Der Hund hat Hunger, er wird gefüttert. Hunde sind Meister darin, dieses Spielchen zu spielen. Sie müssen den Spieß umdrehen. Der Mensch agiert, der Hund reagiert!

SPASS

Hundearbeit ist dann erfolgreich und gut, wenn sie beiden Spaß macht. Sehen Sie die Erfolge und verstehen Sie Misserfolge als Herausforderung. Nutzen Sie die Stärken Ihres Hundes, loben Sie viel und geizen Sie nicht mit Belohnung. Positive Motivation macht alles leichter. Zeigen Sie Ihrem Hund Ihre Freude über alles, was er richtig macht.

Boomer, eine Fallgeschichte

Cockerspaniel Boomer

Boomer, eine Fallgeschichte

BOOMER, EIN FÜNFJÄHRIGER COCKERSPANIEL, MACHTE SEINE FAMILIE WAHNSINNIG. JAHRELANG. Zwei Dinge gingen den Menschen besonders auf die Nerven. Sobald es klingelte, schoss Boomer an die Tür, machte ein Riesentheater, drängelte sich sofort durch die Tür auf den Hof und empfing jeden Besucher wild bellend am Hoftor. Wer den Fehler machte, hereinzukommen, ohne darauf zu warten, dass

Elke und Boomer – zwei, die nichts miteinander anfangen konnten.

Boomer zurückgehalten wurde, hatte auch schon mal die Zähne im Hosenbein.

Der große Hof war sein Reich. Sobald jemand außen am Hoftor vorbeilief, machte Boomer drinnen Rabatz. Am schlimmsten war es donnerstags. Dann stand immer ein mobiler Hähnchengrill auf der Straße vor dem Hoftor – Anlass für Boomer, den ganzen Tag am Tor zu stehen und zu kläffen.

Sobald es Anzeichen gab, dass jemand mit ihm rausgehen wollte, gab es wieder Theater. Und kaum unterwegs, wurde es richtig unangenehm. Boomer zog so stark an der Leine, dass an entspanntes Laufen nicht zu denken war. Seine Besitzerin Elke war nach jedem Spaziergang nass geschwitzt. Nach einer Operation bekam sie zunehmend Schmerzen im Arm. Und dazu musste sie sich den Spott ihrer Nachbarn gefallen lassen, sie sei wohl mal wieder beim »Boomer-Marathon«, mit ihrem »Asthmatiker«. Damit Boomer sich nicht mehr selbst die Luft abschnitt und keuchte, hatte er ein Geschirr bekommen. Besser wurde es auch damit nicht.

Elke zog es vor, mit Boomer nicht mehr durch den Ort zu laufen, um nicht gesehen zu werden, und versuchte, zu Tageszeiten spazieren zu gehen, an denen sie wenigen anderen Hunden begegnete, weil Boomer sich dann immer so aufführte. Auch der 15-jährigen Tochter Katharina und Elkes Mann erging es nicht viel besser. Und das, obwohl beide mit ihm im Hundeverein regelmäßig übten. Katharina machte sogar erfolgreich Agility. Aber zuhause hörte Boomer auf niemanden.

Für Elke war die Situation schließlich unerträglich geworden. Der Hund war ja »eigentlich« gar nicht ihrer. Es waren vielmehr ihr Mann und ihre Tochter gewesen, die sich den Hund gewünscht hatten. Da aber Elke als Einzige den ganzen Tag zuhause war, blieben die Probleme an ihr hängen – so hatte sie sich das nicht vorgestellt. Der Frust, besonders bei Elke, war riesig, als ich in die Familie gerufen wurde: »So kann es nicht weitergehen!« Dabei waren sich alle einig, dass Boomer »eigentlich ein ganz Lieber« sei – vielleicht hatte er ja eine schlimme Vorgeschichte, die alles erklärte. Schließlich war Boomer ein Fundhund gewesen, als er vor vier Jahren einjährig in die Familie kam. Auch die Rasse wurde verantwortlich gemacht. Cockerspaniel seien ja als Jagdhunde besonders schwierig ... Am Beginn unserer Zusammenarbeit waren alle skeptisch. Niemand rechnete damit, dass sich Boomers Verhalten grundlegend ändern würde.

WIE SAH DIE SITUATION AUS BOOMERS SICHT AUS?

Die Menschen nahm Boomer nur vage wahr. Sie spielten in seinem Leben eigentlich keine wichtige Rolle. Er bewegte sich überall frei im Haus und auf dem Hof. Seine Ruheplätze suchte er sich selbst aus. Tagsüber wurde er zwar daran gehindert, aufs Sofa zu springen, dafür machte er es sich nachts dort bequem. Ansonsten machte er sich breit, wo er gerade wollte.

Boomer, eine Fallgeschichte

Er war der Einzige, der aufpasste, er musste Eindringlinge melden und aufhalten. Diese große Verantwortung nahm er sehr ernst, auch wenn das für ihn eine Menge Stress bedeutete.

Auch draußen übernahm Boomer folgerichtig die Führungsrolle. Der permanente Zug an seiner Leine war ihm lästig, er versuchte sich ihm durch Flucht nach vorn und immer schnelleres Laufen zu entziehen, so gut er eben konnte, und ignorierte ansonsten vollkommen das lästige Anhängsel, von dem außer einem Strom unverständlichen Geredes ohnehin nicht viel zu erwarten war.

NUR AUF DEM HUNDEPLATZ WAR MIT DEN MENSCHEN ETWAS ANZUFANGEN.

Dort beschäftigten sie sich aufmerksam mit ihm und gaben ihm klare Anweisungen, die er auch gern befolgte, um dafür gelobt zu werden. Auf dem Hundeplatz war alles anders. Mit Boomers Welt zuhause hatte das aber nichts zu tun.

Das sollte sich ändern. Der erste wichtige Schritt in unserer gemeinsamen Arbeit war, Boomers Freiraum erheblich zu beschneiden. Er durfte nicht mehr alleine in den Hof. Besucher wurden nur noch mit angelegter Leine begrüßt. Und er wurde regelmäßig in sein Körbchen geschickt und hatte dort für einige Zeit zu bleiben (wenn er unaufgefordert aufstand, wurde er sofort zurückgeschickt). Die Familie bekam zusätzlich die Anweisung, Boomer die nächsten zwei Wochen lang seine tägliche Mahlzeit im Körbchen zu servieren.

Zum Erstaunen seiner Familie akzeptierte Boomer diesen »Freiheitsentzug« sofort. Schon nach einem einzigen Tag, an dem er konsequent immer wieder in seinen Korb geschickt wurde, blieb er sogar dann ruhig dort liegen, wenn es klingelte. Er überließ einfach die unangenehme Aufgabe, sich um Eindringlinge zu kümmern, den anderen.

Auch die Leinenführigkeit verbesserte sich schnell. Das intensive Üben unter Anleitung brachte Boomers Menschen dazu, auf ihren Hund zu achten, und ihm mit klaren Signalen zu zeigen, was sie von ihm erwarteten. Sie begannen, mit ihm zu kommunizieren.

Ein scheinbar einfacher Schritt, der Boomers Besitzerin Elke trotzdem viel abverlangte. Das tief eingegrabene Gefühl »bei mir klappt das ja doch nicht!« musste erstmal überwunden werden. Und sie musste sich damit auseinandersetzen, dass sie tatsächlich die Verantwortung für den Hund tragen musste – schließlich hatte sie den Hund den ganzen Tag um sich und war damit seine hauptsächliche Bezugsperson. Sie musste die Probleme selbst lösen und durfte sich nicht mehr hinter Mann und Tochter verstecken.

Nach zwei intensiven Übungsstunden war Boomers Leinenführigkeit zwar lange noch nicht perfekt, aber schon viel besser geworden. »Heute Morgen hat es mir zum ersten Mal Spaß gemacht, Gassi zu gehen!« war Elkes Begrüßung zur dritten Übungsstunde.

Aus Boomer und Elke ist ein Team geworden.

Boomer, eine Fallgeschichte

Ein Erfolg, den sie überhaupt nicht erwartet hatte – und schon gar nicht so schnell.

Was war passiert? Boomer hatte eigentlich nicht viel dazulernen müssen. Er war alles andere als ein »Problemhund« gewesen. Die Veränderung war bei den Menschen passiert. Sie hatten begonnen, eine Bindung zu Boomer aufzubauen.

Die Familie hatte ihren Boomer zwar geliebt und jede Menge Unannehmlichkeiten für ihn ertragen, aber die Menschen hatten einfach keine richtige Beziehung zu ihrem Hund – zumindest nicht aus Boomers Sicht.

Sobald sie ihm nun zeigten, dass sie auf ihn achteten, seine Aufmerksamkeit forderten und ihm die Entscheidungen abnahmen, die er vorher alle alleine getroffen hatte, zeigten sie ihm auch, dass sie fortan nicht nur eine Rolle in seinem Leben spielen, sondern die Führungsrolle übernehmen wollten. Und das war für Boomer eine regelrechte Erleichterung, denn er war damit hoffnungslos überfordert gewesen.

Boomers Probleme verschwanden nicht über Nacht, aber die ersten Schritte zu einer stabilen Bindung waren getan. Inzwischen ist aus Boomer und Elke ein Team geworden. Sie laufen nicht mehr gleichgültig nebeneinander her, sondern Elke beschäftigt sich intensiv mit ihrem Hund (der nun auch wirklich zu ihrem Hund geworden ist) und Boomer achtet aufmerksam auf sein Frauchen. Die beiden haben Spaß miteinander – und darauf kommt es an.

Gassigehen allein reicht Boomer nicht – er will beschäftigt werden.

Bindung

BINDUNG IST – GANZ EINFACH – DAS, WAS MENSCH UND HUND VERBINDET. Die Bindung zwischen beiden entsteht und wächst mit der Zeit. Fehlende Bindung führt dazu, dass der Hund seine Entscheidungen selbst trifft, weil er niemanden hat, der ihm zuverlässig den Weg zeigt. Manche Hunde reagieren auf fehlende Bindung mit Aggressivität und »Flucht nach vorn«, andere mit Ängstlichkeit, oder – wie Boomer – mit völligem Desinteresse an den Menschen. Mein Ziel ist es, eine starke, positive Bindung zwischen Hund und Mensch aufzubauen, denn nur damit können beide ein echtes Team werden und den Alltag wirklich miteinander teilen.

Bindung bedeutet: Beide Partner wissen, wo sie stehen und können sich aufeinander verlassen. Eine starke Bindung bedeutet Sicherheit, Vertrauen und Zuneigung.

Wie Sie Bindung aufbauen und stärken, davon handelt dieses Buch. Doch zuerst: Wie steht es um die Bindung zwischen Ihnen und Ihrem Hund? Der folgende kleine Test soll keine exakten Ergebnisse ausspucken. Nicht für jeden Hund gibt es die passende Schublade. Er soll vielmehr dazu anregen, einmal ganz genau zu beobachten, wie Sie und Ihr Hund sich eigentlich in verschiedenen alltäglichen Situationen verhalten. Das ist genau das, was ich tue, wenn ich zu einem neuen Kunden komme. Es sind die Kleinigkeiten, die sehr viel über die Beziehung zwischen Mensch und Hund verraten – und gerade die Dinge, die Ihnen vielleicht gar nicht besonders wichtig erscheinen, sind entscheidend für ein harmonisches Miteinander von Mensch und Hund. Je genauer Sie sich und Ihren Hund zu beobachten lernen, desto leichter werden Sie Probleme und deren Ursachen erkennen und beseitigen können.

Der Teamcheck

BEISPIEL 1: SIE KOMMEN NACH HAUSE, DER HUND WAR EINIGE STUNDEN ALLEIN.

1. Mein Hund hat wie üblich die ganze Wohnung verwüstet und die ganze Zeit gebellt. Er macht ein Riesentheater. Dass ich mit ihm schimpfe, weil er wieder so viel zerbissen hat, macht ihm nichts aus. Er freut sich trotzdem.

2. Mein Hund freut sich überschwänglich, bellt und springt hoch, will sofort spielen und gestreichelt werden und weicht mir den Rest des Tages nicht von der Seite.

3. Mein Hund begrüßt mich freudig, wirkt aber entspannt. Er hat die letzten Stunden offensichtlich verschlafen.

Wo ordnen Sie Ihren Hund ein? Zwischen 1 und 2, oder eher 2 und 3? Auf den ersten Blick könnte man meinen, die ersten beiden Hunde »hängen« mehr an ihrem Menschen als der dritte. Ihre Wiedersehensfreude ist schließlich viel größer.

Während Hund 1 aber offensichtlich ein Problem hat (ich werde oft gerufen, weil Hunde die Wohnung verwüsten, wenn sie alleine bleiben müssen), ist doch mit Hund 2 alles in Ordnung – oder? Die meisten Hunde fallen wohl in die Kategorie 2, sie verhalten sich in den Augen der meisten Hundehalter völlig normal.

In Wirklichkeit haben Hund 1 und 2 viel mehr gemeinsam als Hund 2 und 3.

Ein Hund, der ein Riesentheater veranstaltet, sobald seine Menschen nach Hause kommen, ist unsicher. Er hatte große Angst, im Stich gelassen worden zu sein. Die Bindung zum Menschen ist nicht stark genug, er kann nicht darauf vertrauen, dass der Mensch wirklich immer wieder kommt. Egal wie oft der Hund alleine bleiben muss: solange die Bindung nicht stärker und stabiler wird, wird er nie sicher sein, dass der Mensch immer wieder zurückkommt.

Für einen Hund, der unter solchen Verlassenängsten leidet, bedeutet alleine zu bleiben extremen Stress. Manche Hunde bauen diesen Stress ab, indem sie die Wohnung auseinander nehmen. Den Tadel dafür verstehen Sie nicht und es ist Ihnen auch völlig egal: Hauptsache, sie werden beachtet. Andere Hunde ertragen das Alleinsein still, aber sie leiden. Ihre Freude, wenn der Mensch heimkommt, ist nicht Ausdruck einer großen Liebe, sondern einer großen Erleichterung.

Hund 3 dagegen hat die Zeit des Alleinseins verschlafen. Er weiß, dass er nicht verlassen wurde, und vertraut darauf, dass der Mensch wieder kommt. Er freut sich, aber er hat keinen Grund, vor lauter Erleichterung halb durchzudrehen. Für ihn ist es völlig normal und nicht beängstigend, auch mal alleine zu bleiben.

BEISPIEL 2: STREICHELEINHEITEN

1. Mein Hund wird nicht gerne gestreichelt. Er lässt es über sich ergehen, manchmal knurrt er sogar.

2. Mein Hund kann gar nicht genug Streicheleinheiten bekommen und fühlt sich am wohlsten auf meinem Schoß. Wenn ich auf dem Sofa sitze, quetscht er sich sofort dazu.

3. Mein Hund folgt meist gerne meiner Einladung zum Knuddeln, lässt sich aber auch wieder wegschicken. Manchmal mag er es nicht, gestreichelt zu werden und dreht sich weg, dann lasse ich ihn in Ruhe.

Wie stabil ist die Bindung in diesen Fällen?

Dass in Beispiel 1 etwas zwischen Herr und Hund nicht stimmt, ist offensichtlich. Der Hund hat kein Vertrauen und empfindet das Streicheln als unangenehm. Wenn die Signale eines solchen Hundes nicht richtig verstanden werden, kann sich daraus sogar ein ernsthaftes Problem entwickeln (siehe Fallbeispiel Momo!).

Und Beispiel 2? So verhalten sich sehr viele Hunde. Sie lieben offensichtlich ihre Menschen. Oder?

Auch Hunde, die ständig Aufmerksamkeit und Streicheleinheiten einfordern, sind unsicher. Sie wollen sich der Nähe ihres Menschen dauernd versichern, weil das unsichtbare Band zwischen ihnen, die Bindung, nicht stark genug ist, um darauf zu vertrauen.

Wenn der Mensch dieses Suchen nach Nähe auch noch dauernd zulässt (sogar, wenn es aufdringlich wird), zeigt er dem Hund noch dazu: »Ich lasse mir von dir Respektlosigkeiten gefallen. So jemand wie ich kann dir bestimmt nicht sagen, wo es langgeht.« Die Verteilung der Plätze im sozialen Gefüge ist ziemlich unklar: Wer führt, wer folgt? Für den Hund bedeutet das eine große Verunsicherung.

Der Hund in Beispiel 3 dagegen ruht in sich. Er kennt seinen Platz und respektiert den Menschen. Uneingeladen drängt er sich nicht auf. Und er weiß, er muss sich auch nicht streicheln lassen, wenn er das gerade nicht will. Hier besteht eine harmonische Beziehung zwischen Mensch und Hund.

BEISPIEL 3: WER AGIERT – WER REAGIERT?

Führen Sie für einen Tag eine Strichliste: Wie oft reagieren Sie auf eine Aktion Ihres Hundes? Zählen Sie einfach mal mit. Wie oft kommt der Hund zu Ihnen und wird prompt gestreichelt? Wie oft läuft er zur Tür und Sie machen auf oder greifen zur Leine? Wie oft steht er vor seinem Futternapf, bis er etwas zu fressen bekommt? Wie oft bringt er sein Spielzeug und Sie spielen? Wie oft ist er einfach unaufgefordert aus seinem Körbchen gekommen? Und auf der anderen Seite: Wie oft haben Sie entschieden, **jetzt** Ihren Hund zu streicheln oder mit ihm zu spielen und **jetzt** wieder damit aufzuhören? Oder Ihren Hund einfach mal **nicht** gestreichelt, obwohl er Ihre Aufmerksamkeit gefordert hat? Wie oft haben Sie Ihrem Hund **erlaubt**, aus dem Körbchen zu kommen?

Ziehen Sie Bilanz und vergleichen Sie, wie oft die Initiative von Ihnen kommt und wie oft von Ihrem Hund. Vor allem die kleinen Dinge zählen – das Tür öffnen im Vorbeigehen, das kurze Streicheln, der Leckerbissen zwischendurch. Auch, wenn Sie sowieso immer um diese Uhrzeit spazieren gehen oder füttern – achten Sie genau darauf, ob Sie gerade wieder einer Aufforderung Ihres Hundes gefolgt sind oder ob **Sie** eine Aktion gestartet haben. Je klarer diese Bilanz zu Ihren Gunsten ausfällt, umso besser. Ein Hund stellt mit tausend kleinen Aktionen Tag für Tag die Beziehung auf die Probe. Ein Familienmitglied, das stets allen seinen Anweisungen folgt, mag ja ein toller Spielkamerad sein, seine Sicherheit wird der Hund ihm aber nicht anvertrauen. Und ohne Vertrauen in die Führungsqualitäten des Menschen entsteht keine stabile Bindung.

Es geht nicht darum, ob Sie Ihren Hund streicheln »dürfen« oder nicht – es geht darum, wer in Ihrer Beziehung die Initiative hat, und damit auch die Verantwortung. Je stärker die Bindung zwischen Ihnen und Ihrem Hund wird, umso mehr Striche werden Sie auf Ihrer Seite der Liste machen können – und umgekehrt.

Ein kurzer Blick in die Natur

DASS DER HUND VOM WOLF ABSTAMMT, WEISS JEDER. ABER WAS BEDEUTET DAS? Die Partnerschaft von Hund und Mensch funktioniert seit Tausenden von Jahren, weil Hund bzw. Wolf und Mensch viel gemeinsam haben. Beide sind Raubtiere, beide sind soziale Wesen, gewohnt, sich in komplexen Strukturen zurechtzufinden und im Team zu handeln. Ideale Voraussetzungen für ein Zusammenleben: Mensch und Hund können relativ leicht lernen, sich zu verstehen. Und wie Menschen leben auch Wölfe in Familienverbänden.

Warum nicht Rudel? Der Begriff Wolfsrudel ist nicht falsch, aber er ist landläufig mit Bedeutungen assoziiert, die ziemlich weitab der Realität liegen. Was jeder zu wissen glaubt: Im Rudel herrscht strenge Hierarchie. Der Stärkste ist der Leitwolf. Es wird erbittert um die Führerschaft gekämpft. Der stärkste darf zuerst fressen und bekommt das meiste Futter. Es ist ein gnadenloser Konkurrenzkampf.

Aber diese Vorstellungen entstammen der Beobachtung von Wölfen in Gefangenschaft. Dort wurden Tiere zusammengesperrt, die nicht zu einer Familie gehörten, das Abwandern der erwachsen gewordenen Jungtiere wurde verhindert. Unter solchen Bedingungen kam es zu heftigen Auseinandersetzungen um die Rangfolge, die so in der Natur gar nicht vorkommen.

In freier Natur besteht ein Wolfsfamilienverband aus einem erwachsenen Elternpaar und seinem Nachwuchs, dem diesjährigen Wurf und dem des Vorjahres, und einigen Verwandten. Wenn die Jungtiere zweijährig geschlechtsreif werden, verlassen sie meist das Rudel und suchen sich ein eigenes Territorium. Bis dahin bleiben sie bei den Eltern und helfen bei der Aufzucht der jüngeren Geschwister.

Die Eltern haben in dieser Familie grundsätzlich das Sagen und die Verantwortung. Oft ist das Weibchen der Chef, es trifft die Entscheidungen, der Rüde ist der zweite in der Rangfolge. Eine Wolfsfamilie kann nur überleben, wenn sich alle aufeinander verlassen und dem Anführer vertrauen können. Dieser Anführer ist niemals der lauteste, der sich am stärksten in den Vordergrund drängt und immer den Ton angeben will – sondern das Tier, das Ruhe und Überblick bewahrt: Die Leitwölfin oder der Leitwolf muss eine echte Führungspersönlichkeit sein.

Die Jungtiere im Wolfsrudel haben keine Ambitionen, zum Leittier aufzusteigen – vielmehr sind sie für ihr Überleben auf die Elterntiere angewiesen. Auch wenn ein Jungtier stärker wird (und durchaus seine Grenzen testet), zweifelt es die Stellung der Eltern nicht an. Solange es nicht erwachsen ist, ist seine Bindung an die Elterntiere überlebenswichtig.

Die erste und wichtigste Erfahrung des Welpen ist: von den Elterntieren kommt das Futter. Zuerst die Milch, später die Jagdbeute. Die Elterntiere bieten Schutz vor Feinden und zeigen dem Jungtier, wo es lang geht. Ohne die Elterntiere wäre der junge Wolf schutz- und orientierungslos. Das Bedürfnis nach Nahrung und nach Sicherheit sorgt für eine enge Bindung an das Elterntier. Die löst sich erst, wenn das Jungtier erwachsen und geschlechtsreif wird. Dann ist das Jungtier stark genug, um selbst für sich und seinen eigenen Nachwuchs zu sorgen. Solange der Jungwolf aber im Familienverband bleibt, wird er seinen Eltern folgen – ohne dass diese ihre Überlegenheit ständig demonstrieren müssen.

Natürlich benehmen sich die jungen Wölfe auch mal daneben, wollen ihren Willen durchsetzen und testen ihre Grenzen. Sobald es aber darauf ankommt, weiß jeder junge Wolf genau, wo sein Platz ist und wer den Weg aus der Ge-

fahr und zum Futter weist. Unter den Geschwistern oder mit im Rudel lebenden Tanten oder Onkeln kommt es zwar zu Rangeleien um die Rangordnung. Ernsthafte Auseinandersetzungen wird das Leittier aber unterbinden.

SICHER IST NUN: WIR LEBEN NICHT MIT WÖLFEN ZUSAMMEN.

Unsere Hunde haben 14 000 Jahre Domestikation und Zucht hinter sich. Das hat sie nicht nur äußerlich – vom Wolf zum Yorkshire Terrier – sondern auch innerlich verändert.

In seinem Wesen und Verhalten ist der moderne Haushund kein erwachsener Wolf, sondern ähnelt viel mehr einem Jungtier: Unsere Hunde werden nie erwachsen. Sie bleiben, in den Worten des Hunde- und Wolfsforschers Günther Bloch, für immer »Schnösel«.
Dafür gibt es zwei Gründe:

1. Die Zuchtwahl des Menschen.

Zucht funktioniert durch Selektion: Der Mensch wählt die Tiere zur Zucht aus, deren Eigenschaften ihm am meisten nützen und am besten gefallen. Also wurde mit den Tieren gezüchtet, die am ehesten geeignet und bereit waren, mit

dem Menschen zusammenzuleben. Das sind jene, die sich am leichtesten unterordnen, am niedlichsten aussehen, einen ausgeprägten Spieltrieb haben, der es erleichtert, sie für verschiedene Aufgaben abzurichten: kurz, die Tiere, die auch als Erwachsene noch typische Merkmale eines Jungtieres aufweisen. Im Laufe von 14 000 Jahren Domestizierung macht sich das im Verhalten unserer Hunde bemerkbar.

2. Die Haltung

Unsere Hunde müssen nicht für Nahrung sorgen, sie können es sich erlauben, ihre Energie im Spiel zu »vergeuden«. Sie müssen sich auch

Bellen, Schwanzwedeln, Futterbetteln sind bei Wölfen Jungtier-Verhaltensweisen. Der Haushund behält sie im Erwachsenenalter bei.

nicht gegen Feinde verteidigen – sie stehen unter dem Schutz des Menschen. Hunde haben, solange sie mit uns zusammen leben, keinen Anlass, erwachsen zu werden.

Die Bindung unserer Hunde an den Menschen hat also tatsächlich viel mehr mit der Beziehung des Jungwolfs zu den Elterntieren zu tun, als mit irgendwelchen Rangkämpfen um die Position des »Leitwolfs«.

In unserem Familienverband sollte gelten: Der Mensch nimmt die Position des Elterntieres ein. Der Hund nimmt die Rolle des halbwüchsigen Jungwolfes ein. Er wird vom Menschen mit Nahrung versorgt und vor Feinden beschützt.

In dieser Position kann sich der Hund sicher fühlen. Und das Bedürfnis des Hundes nach Sicherheit ist viel größer, als sein Bedürfnis, in der Hierarchie aufzusteigen. Es ist also nicht nötig, den Hund zu unterdrücken – er ordnet sich gerne selbst unter, weil es für ihn bequemer und sicherer ist. Zwischen Mensch und Hund besteht im Idealfall eine starke Bindung – so wie zwischen den Wolfseltern und ihrem jugendlichen Nachwuchs.

WAS ABER PASSIERT, WENN DER MENSCH SEINER ROLLE NICHT GERECHT WIRD?

Den meisten Hundebesitzern fällt es nicht schwer, für Nahrung zu sorgen – aber da hört es oft schon auf. Mindestens ebenso groß ist das Bedürfnis des Hundes nach Orientierung und Sicherheit. Die Wolfseltern zeigen ihrem Nachwuchs souverän den Weg ins Leben und schützen ihn vor Angriffen von außen. Der Jungwolf kann sich darauf verlassen.

Was passiert, wenn sich unser Hund nicht auf uns verlassen kann? Er fühlt sich unsicher, respektiert uns nicht, und er muss notgedrungen selbst die Rolle des Beschützers und Anführers übernehmen.

In der Welt der Wölfe würde er nun seinen eigenen Weg gehen. Wir aber hindern ihn daran – und in der Menschenwelt ist der Hund völlig auf uns angewiesen. Sein Bewegungsraum und seine Sozialkontakte werden von uns beschränkt und bestimmt. Der Hund kann nicht beurteilen, welche Bedrohungen dieser Welt wirklich gefährlich sind, und wird (notwendigerweise) daran gehindert, auf vermeintliche Gefahren so zu reagieren, wie es seinem Wesen entspricht. Wir zwingen unsere Hunde, in einer Umwelt zu leben, in der sie sich nicht gut genug zurechtfinden können, um ohne menschliche Führung auszukommen.

Und damit steckt der Hund führungslos und verunsichert in einem unlösbaren Dilemma. Kein Wunder, dass das zu Problemen führt, und zwar vor allem zu Unsicherheit, Ängstlichkeit, fehlendem Respekt und Aggressionen.

DIE BEZIEHUNG ZWISCHEN MENSCH UND HUND

Die Beziehung zwischen mir als Hundebesitzer und meinem Hund ähnelt also der zwischen Wolfseltern und ihrem halbstarken Nachwuchs. Das ist aber keine Aufforderung, sich fortan als die Eltern ihres Hundes zu fühlen. Mütterliche oder väterliche Gefühle (zumal menschliche) sind dem Hund gegenüber fehl am Platz. Kaum etwas richtet so viel Schaden an wie falsch verstandene Liebe. Ein verhätschelter und verwöhnter Hund ist kein glücklicher Hund.

Verstehen Sie es viel mehr als ein Bild, eine Vorstellung, die Ihnen helfen soll, die Beziehung zwischen Ihnen und Ihrem Hund besser zu verstehen.

Ein Bild, das dagegen nicht geeignet ist, eine Mensch-Hund-Beziehung zu charakterisieren, ist die Freundschaft. Der Hund als bester Freund des Menschen ist ein nettes Klischee – aber der Hund bleibt dabei auf der Strecke. Freundschaft gibt es nur zwischen gleichberechtigten Partnern – damit überfordern wir den Hund jedoch vollkommen. Der Hund ist auf ein geordnetes soziales Gefüge angewiesen, sein ganzes Verhalten ist entwicklungsgeschichtlich darauf ausgerichtet. Menschliche Freundschaft basiert auf Vorstellungen der Gegenseitigkeit, die ein Hund nicht erfüllen kann. Das führt dazu, dass der Mensch enttäuscht ist, weil der Hund ihm nicht dankbar ist – »Ich habe dich aus dem Tierheim gerettet und zum Dank beißt du mich ...« – oder nicht genauso »nett« zu mir ist wie ich zu ihm. Natürlich gibt es ein vertrautes, freundschaftliches Miteinander zwischen Mensch und Hund, aber das ist das Ergebnis guter Hundeerziehung und nicht der Ausgangspunkt.

Ein anderes, ebenso wenig geeignetes Bild ist die viel beschworene Rangordnung oder Dominanz. Nicht der Begriff selbst ist falsch, sondern das weit verbreitete Verständnis davon. Die Rangordnung unter Wölfen oder Hunden ist kein starres System, in dem der Stärkste sich einmal die Position an der Spitze erkämpft hat und nun als unangefochtener Herrscher alle anderen herumkommandiert. Sich brutal durchzusetzen und bedingungslosen Gehorsam einzufordern entspricht nicht dem Wesen des Hundes und führt ganz sicher nicht zu einer gesunden, positiven Bindung.

Falsche Vorstellungen von der Rangordnung in einem Rudel führen zu einem Verhalten, das für den Hund unlogisch und unberechenbar ist. Es geht nicht darum, bei jeder Gelegenheit, notfalls unter Einsatz brutaler Hilfsmittel, die eigene Überlegenheit zu demonstrieren, sondern um echte Führungsqualitäten.

Die Vorstellung einer streng hierarchischen und von Macht und Unterdrückung geprägten Ordnung ist – ebenso wie Freundschaft und Liebe – ein menschliches Konzept. Den Bedürfnissen des Hundes werden alle diese Vorstellungen nicht gerecht. In unserem Familienverband gibt es aber durchaus, wie im Wolfsrudel, eine Rangordnung. Alle Mitglieder der Familie stehen zu jedem anderen Mitglied in einer bestimmten Beziehung, die definiert, wer wem gegenüber etwas zu sagen hat.

Bitte nicht vermenschlichen!

Das muss aber keineswegs in blutigen Kämpfen ausgefochten werden, sondern wird in vielen Alltagssituationen erarbeitet und immer wieder auf die Probe gestellt. In der menschlichen Familie sollte der Hund sich in der Rangordnung unter den menschlichen Familienmitgliedern befinden. Ein Familienmitglied führt – aus der Sicht des Hundes – den Familienverband an.

Dieser Chef ist kein gleichberechtigter Spielkamerad, und er ist auch kein Halbstarker, der andere herumschubst und schikaniert – oder sich ein solches Verhalten selbst gefallen lassen würde.

Der Chef ist derjenige, von dem das Futter kommt – und zwar wenn und wann er es will. Er trifft die Entscheidung, wann und was gespielt wird. Er entscheidet, wo im Haus sich der Hund aufhalten darf und wo nicht. Er gibt beim Spaziergang die Richtung und das Tempo an. Er entscheidet, wann der Hund herumschnuppern oder mit anderen Hunden spielen darf. Er beschützt den Hund vor anderen Hunden oder Menschen oder in bedrohlichen Situationen.

Er sorgt dafür, dass der Hund auf seinem Ruheplatz sicher ist. Er begrüßt Besucher zuerst und wird zuerst begrüßt. Das alles – die Liste lässt sich natürlich fortsetzen – macht den Menschen in den Augen des Hundes zum Anführer. Das entscheidende Merkmal der Beziehung zwischen Ihnen und dem Hund sollte sein: Sie sind derjenige der agiert, der Hund reagiert. Sie bilden ein Team, in dem die Rollen angemessen verteilt sind und beide Partner gerne und gut zusammenarbeiten. In einem solchen Team zählt Konsequenz, nicht Zwang, und es geht um Vertrauen und Sicherheit, nicht um Unterordnung und Dominanz.

Eine solche Mensch-Hund-Beziehung ermöglicht eine stabile Bindung.

Den Chef gibt es im Familienverband nur einmal. Wenn Sie einen Hund in Ihre Familie holen (oder schon einen Hund haben, aber keine stabile Bindung besteht), müssen Sie zuerst die wichtigste Entscheidung treffen:

WEM GEHÖRT DER HUND?

Das ist die erste Frage, die ich stelle, wenn ich zu einem Menschen mit »Problemhund« gerufen werde. Und erstaunlich oft gibt es keine klare Antwort darauf. So wie im oben beschriebenen Fall von Cockerspaniel Boomer.

Oft sind die eigentlichen Besitzer des Hundes – z.B. der Ehemann oder die Kinder – den ganzen Tag überhaupt nicht da. Jemand anderes – z.B. die Ehefrau oder die Schwiegermutter, bei der der Hund tagsüber »geparkt« wird – verbringt die meiste Zeit mit dem Hund, füttert ihn, führt ihn aus, bringt ihn zum Tierarzt und sorgt natürlich dabei auch für die Erziehung des Hundes, ohne sich bei all dem wirklich verantwortlich zu fühlen.

Und findet sich dem Hund gegenüber in die Rolle der Hauptbezugsperson gedrängt, ohne das je gewollt zu haben und ohne diese Rolle wirklich auszufüllen (»Ist ja nicht mein Hund«). Der eigentliche Besitzer kommt dann am Abend nach Hause und will mit »seinem« Hund spielen oder spazieren gehen – und erwartet dann auch noch, dass der Hund sich entsprechend verhält und auf sein »richtiges Herrchen/Frauchen« natürlich am besten hört. Oder der »richtige« Besitzer will sich abends nicht mehr mit Hundeerziehung befassen, führt sich dem Hund gegenüber auf wie ein lustiger Spielkamerad und macht die gesamten Erziehungs-Bemühungen des Tages zunichte.

Manchmal bekomme ich die Antwort »das ist unser Hund« – mehrere Personen beanspruchen dem Hund gegenüber dieselbe Position, meist auch noch, ohne sich wenigstens übereinstimmend zu verhalten.

Für den Hund ist das alles einfach nur verwirrend. Einen Feierabendhund gibt es nicht! In solchen Konstellationen kann der Hund keine stabile Bindung an eine Bezugsperson entwickeln, wie es seinem Bedürfnis nach einer klaren, eindeutigen Sozialstruktur entspricht.

Überlegen Sie deshalb genau, wer die Bezugsperson für den Hund sein soll, wer den Hund führt. Das sollte die Person sein, die die meiste Zeit mit dem Hund verbringt. Natürlich müssen auch alle anderen Mitglieder des Familienverbandes lernen, richtig mit dem Hund umzugehen, der Hund muss in der Rangordnung unter allen menschlichen Rudelmitgliedern stehen, darf niemals aggressiv werden und sollte auf alle Familienmitglieder hören. Hundertprozentigen (oder sagen wir 98-prozentigen, denn ein Hund ist keine Maschine) Gehorsam darf aber nur der Chef erwarten, und nur der hat das Recht, diesen in jeder Situation einzufordern. Und nur er (oder sie) darf den Hund ernsthaft zurechtweisen. Von den anderen Mitgliedern des Familienverbands muss sich der Hund keineswegs alles gefallen lassen – und er kann sich darauf verlassen, dass sein Chef dafür auch Sorge trägt!

Besonders wichtig ist diese Frage, wenn Sie einen Hund für ein Kind in die Familie holen möchten. Bei jüngeren Kindern dürfen die Eltern nicht einfach die Verantwortung abgeben: Hier sind Mutter oder Vater eindeutig die Bezugsperson für den Hund. Und müssen dafür sorgen, dass der Hund nicht zum Spielzeug wird. Ab dem Teenageralter kann auch ein Kind mit der nötigen Anleitung einen Hund führen. Aber Sie sollten Ihrem Kind vorher sehr genau klarmachen, was das bedeutet und welche Verantwortung es damit übernimmt. Und sich vorher überlegen, wie die Zukunft aussieht, wenn das Kind eines Tages die Familie verlässt. Wenn klar ist, wer die hauptsächliche Bezugsperson für den Hund ist, ist ein erster Schritt

Ein Hund braucht EINE Bezugsperson.

zur stabilen Bindung getan. Um das Bedürfnis des Hundes nach sozialer Sicherheit zu erfüllen, muss sich diese Bezugsperson entsprechend verhalten. Sie agieren – der Hund reagiert. Und wenn nicht? Dann müssen Sie konsequent durchsetzen, dass der Hund Ihren Forderungen nachkommt.

RICHTIG KONSEQUENT SEIN

Konsequenz bedeutet, dem Hund eine klare Führung zu geben. Es bedeutet nicht, den Hund ständig zu bevormunden, zu gängeln, jeden Schritt zu kontrollieren oder den Hund sogar mit Gewalt »in seine Schranken zu weisen«. Konsequenz hat nichts mit Aggression zu tun.

Mensch und Hund sollen ein überzeugtes Miteinander entwickeln: Der Hund folgt freudig, weil er den Mensch als Führungspersönlichkeit, als seinen Chef und Anführer ansieht.

Konsequenz bedeutet für den Hund Berechenbarkeit und damit Sicherheit.

Viel wichtiger und schwieriger, als den Hund ständig zu tadeln und für jeden Fehltritt zurechtzuweisen, ist es deshalb, dem Hund konsequent ein überzeugender Chef zu sein. Das müssen Sie nämlich immer unter Beweis stellen. Nicht nur, wenn es darum geht, dass der Hund »Sitz« macht. Ihr Hund wird Sie auf die Probe stellen und genau registrieren, wenn Sie sich nicht wie ein richtiger Chef verhalten.

Thore und Vizsla Arnold, inzwischen fünf Monate alt. Kinder sind Spielkameraden und sollten auch in die Erziehung des Hundes mit einbezogen werden. Die Verantwortung tragen können sie jedoch nicht.

Inkonsequenz und Unsicherheit machen Sie in den Augen Ihres Hundes unglaubwürdig. Auf einen inkonsequenten Menschen kann er sich nicht verlassen – und wird ihm nicht seine Sicherheit anvertrauen.

MUSS ICH DENN IMMER STRENG SEIN?

Das ist eine Frage, die viele Hundebesitzer beschäftigt. Konsequenz scheint erstmal sehr anstrengend zu sein. Viele fürchten außerdem, wenn sie dauernd »streng« zu ihrem Hund sind, wird ihr Hund sie weniger lieben. Aber gerade ein konsequenter Hundebesitzer kann seinen Hund auch mal Hund sein lassen. Konsequenz bedeutet nicht ständige Kontrolle. Weil beide sich darauf verlassen können: Wenn es darauf ankommt, sind geordnete Verhältnisse schnell wieder hergestellt. Ich als Mensch muss klarstellen, dass ich den Familienverband anführe. Wenn ich zu einem Hund gerufen werde, gehört es oft zu meinen ersten Maßnahmen, dem Hund seinen Platz im Haus zuzuweisen, und der ist – siehe weiter unten – erst mal nicht auf dem Sofa. Fortan muss der Hund vom Sofa verwiesen werden, wenn er raufspringt – konsequent. Jedes Mal.

Nur, wenn Hunde klar, fair und konsequent geführt werden, kann ein Team entstehen.

Dabei habe ich grundsätzlich gar nichts gegen Hunde auf dem Sofa. Ich hole meine Hunde auch manchmal zu mir aufs Sofa – und schicke sie auch wieder runter. Solange das klappt, solange ich bestimme, wer wann auf dem Sofa liegen darf – kein Problem. Sie müssen sich also erst mal konsequent die Regeln des Zusammenlebens erarbeiten, um fortan völlig entspannt auf dem Sofa zu sitzen, mit oder ohne Hund, ganz wie Sie möchten.

Ein anderes Beispiel: Ich finde es nützlich, im Kopf zwischen einem Spaziergang, bei dem ich mich mit dem Hund aktiv beschäftigen möchte, und einem kurzen »Pinkel-Rundgang« zu unterscheiden.

Die Grundregeln unseres Teams gelten zwar immer, aber wenn ich ab und zu einfach nur mal kurz raus möchte, kann ich die Grenzen etwas weiter stecken und dem Hund auch mal ein Stück weit selbst entscheiden lassen. Unsere Bindung ist, wie ein stabiles Band, stark genug, um auch mal ganz locker durchzuhängen.

Normalerweise gehen Sie und Ihr Hund dahin, wo Sie hin möchten. Sie können aber auch bewusst einfach mal dem Hund dorthin folgen, wo er gerade hin will, stehen bleiben, wenn er stehen bleibt, erst weitergehen, wenn der Hund weitergeht. Der Hund merkt, dass er zur Abwechslung mal entscheiden darf – er wird das genießen. Auch im Wolfsrudel dürfen die Jungwölfe mal vorauslaufen. Sie müssen es ja lernen. Dem Hund auch mal die Führung zu überlassen, gibt ihm Selbstvertrauen, macht ihn mutiger und selbstständiger. Wenn die Bindung stark ist, kann ein echtes Miteinander entstehen, in dem der Hund auch mehr Freiheiten genießt. Dennoch bleiben Sie immer derjenige, der für die Sicherheit zuständig ist.

Sie begegnen vielleicht einem fremden Hund. Wenn die Bindung stark ist, wird Ihr Hund sich zu Ihnen umsehen und wissen wollen, was zu tun ist. Sie können ihn zu sich rufen und die Führung wieder übernehmen oder auch erst mal neutral bleiben und sehen, wie sich die Begegnung entwickelt. Vielleicht sucht Ihr Hund auch Schutz bei Ihnen – dann müssen Sie als Chef ihm diesen Schutz natürlich sofort gewähren und zwischen ihn und den fremden Hund treten, um die Gefahr von Ihrem Hund abzuhalten.

Sobald die Situation vorüber ist, können beide wieder entspannen und der Hund darf in aller Ruhe da herumschnüffeln, wo er möchte, während Sie Ihren Gedanken nachhängen. Genauso würden Sie auch gerne mal kurz um den Block gehen? Statt dessen müssen Sie bei jedem Schritt aufpassen, was Ihr Hund gerade anstellt, ihn korrigieren, sich wieder aus der Leine wickeln und Ausschau nach fremden Hunden halten, um Beißereien aus dem Weg zu gehen?

Wenn Sie sich erstmal Ihrem Hund gegenüber als Chef bewährt haben, werden viele Dinge selbstverständlich. Dann – aber wirklich erst dann – können Sie sogar dem Hund ab und zu die Entscheidung überlassen und ihm Freiheiten einräumen, die ohne eine gute Erziehung und eine stabile Bindung nicht möglich wären. Der Weg dahin allerdings geht nur über konsequentes Arbeiten – und zwar jeden Tag. Das ist zugegebenermaßen nicht immer einfach. Aber einen anderen Weg gibt es nicht.

EIN CHEF IST SOUVERÄN – VOM UMGANG MIT EMOTIONEN

Was zeichnet einen guten Chef aus? Er ist fair und gerecht. Er behält stets einen kühlen Kopf und verliert nicht die Nerven. Er lässt sich nicht von seinen Emotionen leiten. Einem Chef, der wegen Kleinigkeiten Wutanfälle bekommt, der seine Mitarbeiter anschreit oder gar willkürlich bestraft, vertraut kein Mitarbeiter. Vielleicht ziehen alle den Kopf ein und tun, was von ihnen erwartet wird, aber niemand wird unter einem solchen Chef zu Höchstleistungen auflaufen.

Die Motivation bleibt völlig auf der Strecke, die Mitarbeiter stehen ständig unter Stress. Vor lauter Angst, einen Fehler zu machen, tut lieber keiner mehr als das nötigste. Hunde müssen oft in einem solchen Arbeitsklima arbeiten. Und mit ihrer feinen Antenne für menschliche Stimmungen leiden sie unter unkontrollierten Emotionen.

Wenn eine Übung nicht funktioniert und Sie immer ungeduldiger werden, hat es keinen Sinn, verbissen immer weiterzumachen. Beim Hund kommen Wut und Ungeduld als Aggression an – und er wird folgerichtig versuchen, auf sichere Distanz zu gehen. Sie teilen ihm in diesem Moment unmissverständlich mit: »Es ist besser, wenn du schnell das Weite suchst!«
Und dieser unbeabsichtigte Befehl ist stärker als jedes »Sitz!«, »Platz!« oder »Komm!« Aber ist es nicht eine Niederlage, jetzt nachzugeben? Oft wird argumentiert, der Hund habe dann »gewonnen«. Als ob Erziehung eine Art Wettstreit wäre.

Es wäre ein falsches Verständnis von Konsequenz, dann, wenn die Situation bereits völlig verfahren ist, noch auf Teufel komm raus erreichen zu wollen, dass der Hund »pariert«.

Schließlich reagiert er völlig angemessen auf die Signale, die er empfängt. Er hat keine Chance, es richtig zu machen. Unter diesem Stress wird die Übung nicht funktionieren. Der Fehler ist schon viel früher passiert. Vielleicht haben Sie zu lange geübt, zu viel auf einmal verlangt, die Situation falsch eingeschätzt oder waren selbst unkonzentriert, nervös, nicht bei der Sache oder haben sich unklar ausgedrückt. Konsequenz bedeutet auch, richtig einzuschätzen, was Sie und Ihr Hund bereits leisten können, die Arbeit sinnvoll aufzubauen und im richtigen Moment eine Pause zu machen. Gute Hundearbeit soll beide Partner fordern, aber nicht überfordern.

Statt aufbrausend zu werden, atmen Sie tief durch, ignorieren Sie den Hund einfach für den Moment, bis Sie Ihre Emotionen wieder im Griff haben. Wenden Sie sich einer einfacheren Übung zu, die Ihnen beiden Spaß macht und Ihnen ein Erfolgserlebnis verschafft, damit Sie ein positives Ende finden. Und helfen Sie Ihrem Hund und Ihnen selbst durch Spielen, Laufen oder Toben den Stress abzubauen.

Ein souveräner Chef lässt sich nicht aus der Ruhe bringen. Jedes Mal, wenn Ihr Hund das mal wieder »geschafft« hat, haben Sie ihm Ihre mangelnde Führungsqualität bewiesen.

Ebenso wenig überzeugend sind Sie, wenn Sie sich von Ihrem Hund herumschubsen lassen. Nicht jedes Anstupsen, Kopf auflegen, Hochspringen oder Weg abschneiden muss gleich eine hochproblematische Überlegenheitsgeste sein, der mit ganzer Härte begegnet werden muss. Natürlich darf Ihr Hund Sie zum Spielen auffordern oder Ihre Nähe suchen, und natürlich dürfen Sie auch darauf eingehen. Aber Sie sollten sich bewusst werden, was zwischen Ihrem Hund und Ihnen vorgeht, und auch in der Lage dazu sein, das Verhalten zu unterbinden.

Ein souveräner Chef lässt sich nicht nerven oder gar schikanieren – wenn Sie den Aufforderungen Ihres Hundes jedes Mal ohne nachzudenken nachkommen und auf alle seine Aktionen (die in den Augen des Hundes keine Kleinigkeiten sind!) reagieren, tun sie allerdings nichts anderes. Wie soll der Hund verstehen, dass Sie sich einerseits alles gefallen lassen, andererseits plötzlich die Führung für sich beanspruchen?

Sie können Ihre Führungsqualitäten am besten dadurch beweisen, dass Sie ruhig aber bestimmt auf Ihren Forderungen bestehen – was Sie tun, müssen Sie auch ernst meinen und durchsetzen. Vor allem, was die scheinbaren »Kleinigkeiten« angeht.

Positive Emotionen können Sie gar nicht genug zeigen. Freude, Stolz und Begeisterung können Ihren Hund zu Höchstleistungen motivieren.

Kapitel 2:
Lob und Strafe

Positive Verstärkung – richtig loben

IHR HUND MUSS WISSEN, WANN ER ETWAS RICHTIG UND WANN ER ETWAS FALSCH GEMACHT HAT. Positive Verstärkung ist das wirksamste Mittel, Ihrem Hund das zu zeigen. Positive Verstärkung kann ein verbales Lob sein, ein kurzes Streicheln, Futter oder Spielen. In der Praxis ist es eine Kombination aus allem. Lernen Sie Ihren Hund kennen, finden Sie heraus, was er gerne hat. Wo mag Ihr Hund gerne gestreichelt werden, zieht er Futter vor oder ist er verspielt?

Mit Futterlob und richtigem Spielen beschäftigen wir uns weiter unten noch ausführlich.

Loben Sie gezielt! Oft wird permanent auf den Hund eingeredet: »Ja so ist es brav, ja, ja, komm schön mit, fein, fein« und so weiter – ganz egal, was der Hund gerade eigentlich macht. Ein solcher ständiger Strom wird vom Hund irgendwann gar nicht mehr wahrgenommen und scheint oft eher der Beruhigung des Besitzers zu dienen, als dem Hund etwas mitzuteilen. Achten Sie auf Ihre Gewohnheiten, und wenn Sie zu den »Dauerrednern« gehören, hören Sie am besten sofort damit auf. Nur wenn das verbale Lob für den Hund als etwas Besonderes erkennbar ist, erzielt es seine Wirkung. Lob erkennt der Hund natürlich nicht an den Worten – »fein« oder »nein« ist für den Hund erstmal nicht zu unterscheiden. Das Lob müssen Sie durch Ihre Stimmlage und Mimik erkennbar machen. Wenn Sie Grund zum Loben haben, haben Sie auch Grund zur Freude, drücken Sie diese Freude auch in der Stimme – eine etwas höhere Stimmlage, gedehnte Vokale – und in Ihrem Gesicht – Lächeln! – aus. Ein gelangweiltes »so ist es brav«, ohne Veränderung der Stimmlage, ohne Lächeln und ohne echte Freude interessiert keinen Hund.

Viele Hunde sind regelrecht abgestumpft, sie nehmen verbales Lob gar nicht mehr wahr. Um solche Hunde für Lob wieder empfänglich zu machen, müssen Sie überdeutlich loben, fast schon übertrieben. Stellen Sie sich vor, wie Eltern ein Kleinkind begeistert und überschwänglich mit Lob überschütten, wenn es sein erstes Wort gesagt oder den ersten Schritt gemacht hat. Achten Sie darauf, ob Ihr Lob beim Hund wirklich ankommt: Ist sein Interesse geweckt? Sieht er Sie mit einem offenen, freudigen Blick an? Wedelt er mit der Rute? Wird er aufmerksamer? Sehr bald ist es nicht mehr nötig, um jede Kleinigkeit ein solches Theater zu machen (über das hundertste Wort ihres Kindes brechen Eltern auch nicht mehr in Begeisterungsstürme

Das Lob muss wirklich ernst gemeint sein! Nur, wenn Sie wirklich fühlen, was Sie sagen, kommt es beim Hund auch an.

aus, obwohl sie es immer noch toll finden). Der Hund wird sensibler für Ihre positiven Signale werden. Dann kommt schon ein leises »gut« oder auch nur ein anerkennender Blick oder eine ganz kurze Berührung beim Hund an. Genauso, wie Sie einem Menschen, den Sie gut kennen, mit einem kurzen Blick quer durch einen Raum sehr viel sagen können.

Seien Sie eher sparsam mit Berührungen. Zu viel Streicheln und Anfassen – zumal wenn es unerwartet von oben auf den Hund hereinprasselt – verstehen viele Hunde gar nicht als Lob. Es macht sie eher unruhig und nervös. Mit Lob sollte man nicht sparen, positive Verstärkung kann der Hund nicht genug bekommen. Aber nur dann, wenn er auch wirklich Lob verdient hat! Der Hund verknüpft das Lob nur

Das Leckerli wird so gegeben, dass der Hund dabei den Menschen anschaut: Die Hand mit der Belohnung wandert von meinem Kinn zur Hundeschnauze. Interessante Mimik und Körpersprache weckt Interesse beim Hund.

mit der direkt vorangegangenen Handlung, über eine Zeitspanne von maximal drei Sekunden. Nur wenn Sie sofort im richtigen Moment loben – egal ob verbal, mit Futter oder mit Streicheln – hat der Hund die Chance, daraus zu lernen. Wenn der Hund schon wieder aufgestanden ist, ist es zu spät, sein Hinsetzen zu loben. Timing ist alles!

LOBEN MIT FUTTER

Futter ist ein mächtiger Motivator und ein gutes Hilfsmittel, um das Interesse Ihres Hundes an Ihnen zu wecken und zu verstärken. Futterlob bekommt der Hund nicht einfach beiläufig »reingestopft«. Das Futter dient dazu, ihn aufmerksamer auf den Menschen reagieren zu lassen. Das Leckerli wird immer so gegeben, dass sich der Blick des Hundes dabei auf Sie richtet – Sie führen die Hand mit dem Futter dazu

Jedes Lob muss sofort – innerhalb von maximal drei Sekunden – nach dem erwünschten Verhalten erfolgen, sonst verbindet der Hund nicht das Verhalten mit dem Lob! Wenn er die Belohnung für »Sitz!« erst bekommt, wenn er schon wieder aufgestanden ist, haben Sie das Aufstehen belohnt, nicht das Hinsetzen.

immer auf der Achse zwischen ihrem Kinn und der Hundeschnauze.

Der Hund findet schnell heraus, dass sich Futter in Ihrer Hand befindet. Er wird seine Aufmerksamkeit deshalb auf diese Hand richten und ihr mit dem Blick folgen. Führen Sie die Hand auf der Blickachse zwischen Ihnen und dem Hund, um die Aufmerksamkeit des Hundes auf sich zu lenken. »Ziehen« Sie den Blick des Hundes durch das Futter in Richtung Ihrer Körpermitte – die Aufmerksamkeit des Hundes soll sich ja auf Sie richten, nicht auf das Futter.

Futter ist wie vieles andere in der Hundearbeit nur ein Hilfsmittel, das mit der Zeit weniger wird, wenn die Bindung stärker wird. Trainieren Sie also das Futterlob langsam wieder ab, wenn eine Übung gut funktioniert.

Dazu loben Sie häufiger verbal, nur noch jedes dritte oder vierte Mal gibt es für die richtige Ausführung eines Befehls Futter. Sobald der Hund wirklich aufmerksam ist, ist es auch nicht mehr notwendig, jedes Mal wieder den Hundeblick durch das Futter auf sich zu fixieren.

Arnolds Blick folgt aufmerksam meiner Hand mit der Belohnung.

So kann ich seine Aufmerksamkeit auf mich lenken.
Erst dann bekommt er die Belohnung.

Dann kann das gelegentliche Futterlob auch ganz beiläufig erfolgen. Immer wieder mal sollten Sie aber die Elemente des Futterspiels – siehe Kapitel »Bindung herstellen« – in die Arbeit einfließen lassen.

Ganz weglassen sollten Sie das Futterlob jedoch nicht. Auch wenn Sie längst nicht mehr jede Reaktion Ihres Hundes beloben müssen, hat sich gerade der gut erzogene Hund für seine Leistungen ab und zu eine Belohnung verdient. Um mit Futter arbeiten zu können, sollte der Hund nicht gerade pappsatt sein, und natürlich muss er das Belohnungsfutter auch gerne mögen. Für neue oder besonders anspruchsvolle Übungen darf es auch mal eine ganz besondere Leckerei sein, die der Hund

Solange Sie viel mit Futterlob arbeiten, denken Sie daran, diese Menge von der Hauptmahlzeit Ihres Hundes abzuziehen.

sonst nicht bekommt: ein richtiger »Jackpot«.

Nicht jeder Hund ist für Futterlob zu begeistern. Viele sind besser über Spiel zu motivieren. Lernen Sie die Vorlieben Ihres Hundes kennen und loben Sie ihn entsprechend. Natürlich lassen sich beide Arten des Belohnens auch kombinieren.

Durch das Spielzeug wird die Aufmerksamkeit des Hundes auf den Menschen gelenkt.

Ausgesprochene »Spielzeughunde« wie Falk sind meist sehr gut zu motivieren und lernen schnell.

Zur Belohnung darf Falk die Beißwurst packen.

Ein Zerrspiel zur Belohnung: je wilder, desto besser.

LOBEN DURCH SPIEL

Viele Hunde sind richtige »Spielzeugjunkies« und lassen für das begehrte Spielzeug jedes Futter liegen. Das kann man sich bei der Arbeit sehr effektiv zunutze machen. Wenn Ihr Hund zu dieser Sorte gehört, erreichen Sie mit Spiel viel mehr als mit Futter. Voraussetzung dafür ist, dass Sie selbst richtig mit Ihrem Hund zu spielen gelernt haben – mehr darüber im Kapitel »Richtig Spielen«.

Grundsätzlich dient das Spielzeug bei der Arbeit demselben Zweck wie das Futter: Es lenkt die Aufmerksamkeit des Hundes auf Sie. Genau wie das Leckerli sollte das Spielzeug also stets so gehalten werden, dass der Blick des Hundes auf Sie gerichtet ist.

Wenn der Hund Ihrem Kommando gefolgt ist, darf er zur Belohnung das Spielzeug packen. Liefern Sie sich ein kurzes Zerrspielchen und lassen Sie den Hund dabei gewinnen. Die Freude darf er einen Moment lang auskosten, dann muss er das Spielzeug wieder hergeben und die Arbeit geht weiter. Genau wie beim Futter auch müssen Sie am Anfang der Arbeit oder bei neuen Übungen den Hund häufig loben und können später reduzieren.

Ketten-glieder

ALLES, WAS DER HUND NEU ERLERNT, MUSS BELOBT WERDEN. SOLANGE, BIS ES SITZT. Das bedeutet, dass Sie anfangs sehr viel und dabei sehr gezielt loben müssen. Mit der Zeit wird das Lob weniger, weil Sie nicht mehr jede richtige Reaktion loben müssen. Sie können aus den einzelnen erlernten Kettengliedern lange Ketten zusammensetzen.

Ein Beispiel: Ihr Hund läuft frei, Sie rufen ihn zu sich und bedeuten ihm, an Ihre linke Seite zu kommen und sich zu setzen. Anfangs müssen Sie jeden Schritt einzeln üben und loben. Diese Übungskette ist schon ganz schön lang.
Der Hund muss gelernt haben, aufmerksam zu sein, auf seinen Namen zu reagieren, auf Kommando zu kommen und sich zuerst vor Ihnen zu setzen. Dann lernt er, an Ihre Seite zu kommen und sich auch dort zu setzen.

Jedes Kettenglied wird zuerst einzeln geübt. Das Kommen, das Setzen, das Folgen des Handzeichens auf die linke Seite. Wenn jeder einzelne Schritt funktioniert, fügen Sie die Kettenglieder aneinander. Sie loben nun nicht mehr, wenn der Hund kommt, sondern erst, wenn er dem Kom-

Komm – an die Seite – und Sitz! Falk kennt diese Kette gut und reagiert auf kleine Handzeichen.

AN DIE SEITE!

mando »Sitz!« gefolgt ist. Dann fügen Sie das Handzeichen für »Komm an die linke Seite« ein. Klappt das, loben Sie erst, wenn er dem Zeichen »Sitz!« an Ihrer Seite gefolgt ist. Am Ende hat der Hund gelernt, sich immer, wenn er zurückgerufen wird, links von Ihnen hinzusetzen, wenn Sie auf Ihre linke Seite deuten.

Zerlegen Sie alles Neue in ganz kurze, einfache Kettenglieder, damit der Hund die Chance hat, viel richtig zu machen und viel Lob einzuheimsen. So bleibt die Motivation erhalten. Je besser die einzelnen Kettenglieder klappen, umso stabiler wird die Kette.

Ganz egal, wie lang die Kette wird – am Ende wird er auf jeden Fall gelobt. Die positive Verstärkung, das Erfolgserlebnis, muss immer irgendwann kommen.

Achten Sie darauf, dass der Hund nicht das Lob mit dem Ende der Arbeit verknüpft, weil er damit automatisch »entlassen« wird. Von Anfang an sollten Sie darauf achten, den Hund gezielt mit einem »und ab!« oder »lauf!« aus der Arbeit zu entlassen. Wenn Sie loben, signalisieren Sie ihm dagegen durch Ihre anhaltende Körperspannung und Ihren zugewandten Blick, dass da noch etwas kommt und der Hund seine Aufmerksamkeit bei Ihnen lassen soll, bis Sie die Arbeit beenden.

Er bleibt aber aufmerksam und passt auf, was kommt. Der Hund soll eine solche Aktionskette nicht einfach automatisch abspulen!

UND SITZ!

VORSICHT VOR UNBEABSICHTIGTEN KETTEN! Wenn Sie Kommandos in der immer gleichen Reihenfolge üben, kann es schnell passieren, dass der Hund den nächsten Befehl bereits erwartet und beispielsweise jedes Mal schon ins Platz geht, wenn Sie »Sitz!« gefordert haben (weil er erwartet, das jetzt gleich »Platz« folgt). Um das zu vermeiden, müssen Sie die Befehle einzeln beloben. Sie sollten sie auch nicht immer direkt hintereinander üben. Zwischen zwei Kommandos, die nicht verknüpft werden sollen, muss immer ein Zeitabstand von mindestens fünf Sekunden liegen.

KEINE AUTOMATISMEN! Hunde lernen Abläufe sehr schnell. Ein Beispiel: Der Hund lernt, sich auf Kommando zu setzen, bevor er sein Futter bekommt. Sehr bald wird er sich von sich aus setzen, wenn er Futter erwartet. Das ist grundsätzlich gut – aber Sie sollten den Hund dafür nicht loben (allerdings auch nicht tadeln). Lob gibt es, wenn der Hund einen Befehl richtig ausgeführt hat, nicht für selbstständige Aktionen des Hundes (auch wenn Sie positiv und erwünscht sind). Sie können nun aber den Befehl »Platz!« geben und den Hund dafür loben.

Automatismen können zu einem Problem werden, wenn die Arbeit komplexer wird.

Dann fangen viele Hunde an, ihr Programm »abzuspulen«, in der Hoffnung, irgendwann zufällig das Richtige zu erwischen und dafür eine Belohnung einzuheimsen – vor allem dann, wenn die Kommandos des Menschen nicht eindeutig genug sind. Achten Sie also auf klare Kommandos, und beloben Sie ausschließlich und prompt die von Ihnen geforderte Reaktion. Dinge, die Sie gründlich eingeübt haben, und die bereits in Fleisch und Blut übergegangen sind, z.B. Stehen bleiben am Straßenrand, müssen auch nicht mehr dauernd belobt werden.

Muss Strafe sein?

STRAFE BEDEUTET, DEM HUND ETWAS FÜR IHN UNANGENEHMES ZUZUFÜGEN. Strafe ist nicht nur körperliche Züchtigung, sondern schon ein Anheben der Stimme, ein scharfes Wort oder ein böser Blick.

Der Hundebesitzer, der von Anfang an alles richtig macht, immer konsequent ist, mit dem Hund zu kommunizieren gelernt hat und viel mit richtig eingesetzter positiver Verstärkung arbeitet, kommt in der Hundeerziehung mit wenig Strafe aus. Aber jeder Hund wird seine Grenzen testen und muss dann ab und an auch die Erfahrung machen, dass das unangenehme Folgen haben kann. Wer sich in solchen Situationen nicht auch mal Nachdruck verschafft, läuft Gefahr, vom Hund gar nicht mehr für voll genommen zu werden. Der Hund wird immer respektloser, und nicht selten endet das damit, dass der hilflose Besitzer irgendwann die Beherrschung verliert oder meint, jetzt »hart durchgreifen« zu müssen. Dann fällt die Strafe viel härter aus, als es eigentlich nötig gewesen wäre und kommt obendrein zu spät: Das Problem hat sich längst verfestigt.

Gewalt hat in der Hundeerziehung nichts zu suchen. Tritte oder Schläge, schmerzhafte Hilfsmittel wie Stachelhalsbänder oder Anbrüllen – verbale Gewalt – verbieten sich von selbst. Vor allem aus moralischen Gründen und Respekt vor dem Lebewesen Hund – aber auch, weil der Hund solche Maßnahmen gar nicht versteht. Auch Strafe muss – wie Lob – so erfolgen, dass der Hund die Chance hat, daraus zu lernen.

JETZT REICHT'S – ARTTYPISCHES ZURECHTWEISEN

Kein Hund kann durch Strafe etwas Neues lernen. Ihn dafür zu bestrafen, dass er ein neu erlerntes Kommando nicht ausführt, ist völlig sinnlos. Er weiß ja nicht, wofür er überhaupt bestraft wird. Neues lernt der Hund nur – Schritt für Schritt, Kettenglied für Kettenglied – durch positive Verstärkung.

Genau wie Lob, verknüpft der Hund auch Negatives nur mit der direkt vorangegangenen Handlung. Es gibt tatsächlich Menschen, die ihrem Hund am Abend nichts zu fressen geben, weil er sich mittags auf dem Hundeplatz nicht benommen hat. Den Hund auszuschimpfen, sobald er wieder da ist, weil er vorher weggelaufen ist, ist ebenso sinnlos und hat nur den gegenteiligen Effekt. Sie haben das Herkommen bestraft, nicht das Weglaufen.

Strafe kann dem Hund lediglich Grenzen aufzeigen: Jetzt reicht's! Und zwar dann, wenn der Hund sich respektlos zeigt. Zum Beispiel durch wiederholtes Anstoßen mit der Schnauze, Anspringen, Knurren, Schnappen, sich in den Weg stellen, Kopf auflegen oder auch die Weigerung, den Platz auf dem Sofa zu räumen.

Werden Sie nicht emotional, wenn Sie strafen – eine arttypische Zurechtweisung ist kein aggressives Verhalten.

Meist reicht es, deutlich zu zeigen: Ich will das nicht. Ein Nein! und ein nachdrückliches Wegschieben. Wenn der Hund das respektlose Verhalten aber beibehält, sollten Sie sich das nicht zu lange gefallen lassen. Kommt nach zwei oder drei Aufforderungen keine Reaktion, sollten Sie kurz ungemütlich werden. Genauso würde sich auch ein ranghöherer Artgenosse verhalten – nur würde der wahrscheinlich schon früher und heftiger reagieren.

Wirkungsvoll sind Strafen, die der Hund instinktiv versteht: arttypische Strafen aus dem natürlichen Verhaltensrepertoire. Eine typische Sanktion der Mutter gegenüber ihren halbwüch-

DER SCHNAUZENGRIFF

sigen Jungen ist der Schnauzenbiss, den sie mit einem Schnauzengriff imitieren können.

Das tut nicht weh – aber Ihr Hund versteht das Signal: Lass mich jetzt sofort in Ruhe und benimm dich!

Es ist keine Gewaltanwendung nötig, um dem Hund zu zeigen, wo die Grenzen sind. Aber man darf auch mal ein bisschen deutlich werden. Hunde unter sich gehen sehr viel unsanfter miteinander um!

Einen Hund, der physisch aufdringlich wird, den Weg verstellt oder das Sofa beansprucht, dürfen Sie auch – nach mehrmaliger vergeblicher Aufforderung – unsanft von sich befördern. Der Schubs tut nicht weh, aber er macht dem Hund deutlich: Hier fängt meine private Zone an!

Ein kurzer Griff ins Fell imitiert den zurechtweisenden Biss eines ranghöheren Tieres. Ebenfalls nicht schmerzhaft, aber wirkungsvoll ist es, den Hund am Kragenfell zu packen. Aber keinesfalls am Nackenfell schütteln – das gleicht dem potentiell tödlichen Genickbiss und wäre keine Strafe, sondern blanke Aggression.

Arttypische Strafen versteht der Hund sehr gut, wenn Sie in Situationen kommen, in denen sie für ihn Sinn ergeben: Ein respektloser Hund weiß ganz genau, womit er sich den Ärger eingehandelt hat. Allerdings gilt das nur, wenn Ihr Verhalten konsequent und für den Hund berechenbar ist. Wenn er dreimal am Tag für sein Anspringen oder Kopfauflegen gestreichelt – gelobt – und beim vierten Mal (weil Sie gerade die gute Hose anhaben) plötzlich bestraft wird, ist das schlicht unfair. Strafen Sie also nur, wenn Sie sicher sind, dass die Sanktion gerechtfertigt und für den Hund verständlich ist.

Das Recht, den Hund zu bestrafen, hat nur der Chef! Wenn der Hund sich anderen Familienmitgliedern – besonders Kindern – gegenüber respektlos zeigt, sollten nicht diese selbst, sondern Sie als erste Bezugsperson den Hund zurechtweisen.

Achten Sie darauf, dass die Situation einen positiven Ausklang findet. Sobald die Verhältnisse geklärt sind, ist die ganze Sache auch vorbei und Sie sind wieder neutral. Geben Sie Ihrem Hund jetzt ruhig Gelegenheit, etwas richtig zu machen und dafür gelobt zu werden. Nachtragendes Verhalten versteht der Hund nicht!

IGNORIEREN

Ignoriert zu werden, ist für einen Hund die schlimmste »Strafe« überhaupt. Strafe in Anführungszeichen, weil es eigentlich keine Strafe ist – Sie fügen dem Hund ja nicht Negatives zu. Bewusstes Ignorieren ist ein sehr wirkungsvolles Instrument in der Hundeerziehung.

Die meisten unerwünschten Verhaltensweisen eignet sich der Hund an, weil sie ständig positiv verstärkt werden, und sei es nur durch Schimpfen oder Beschwichtigungsversuche. Machen Sie sich klar, dass es vor allem für einen unsicheren Hund das wichtigste ist, beachtet zu werden: Jede Aufmerksamkeit – auch negative – ist aus seiner Sicht besser als gar keine. Falsch anerzogenes Verhalten legt sich deshalb am schnellsten, wenn es konsequent ignoriert, das heißt, nicht mehr positiv verstärkt wird.

Wenn der Hund umgekehrt den Menschen ignoriert, zeigt er damit nicht nur Desinteresse, sondern auch Respektlosigkeit. Natürlich sollten Sie den Hund in Ruhe lassen, wenn er tief schläft oder gerade intensiv gearbeitet hat und eine Ruhepause braucht. Im Normalfall aber bestehen Sie immer auf einer Reaktion. Nur der Ranghöhere kann es sich erlauben, den anderen einfach links liegen zu lassen! Kein Wunder, dass es Ihren Hund nicht von Ihren Führungsqualitäten überzeugt, wenn Sie auf jede seiner Regungen sofort eingehen und sich dauernd bei ihm einschmeicheln – er wird weitaus mehr beeindruckt sein, wenn Sie ihn zur Abwechslung einfach mal ignorieren.

Hunde setzen die Technik des bewussten Ignorierens gegenüber den Menschen oft sehr erfolgreich ein. Nach dem Motto: »Wenn ich nur lang genug nicht reagiere, hört er schon irgendwann auf, etwas von mir zu wollen.«

Hier demonstriert Falk dem kleinen Percy seine Überlegenheit, indem er ihn überhaupt nicht beachtet.

Kapitel 3:
Kommunikation

Aufmerksamkeit – nicht nur auf dem Hundeplatz

WIE IM FALL VON BOOMER HÖRE ICH EINES GANZ OFT: DER HUND MACHT AUF DEM HUNDEPLATZ PRIMA MIT, BESTEHT SOGAR PRÜFUNGEN. Nur zu Hause funktioniert gar nichts. Erstaunlich vielen Leuten fällt es schwer, das auf dem Hundeplatz Gelernte auf den Alltag zu übertragen. Während auf dem Hundeplatz Übungen konsequent erarbeitet werden, wird zu Hause auf vermeintliche Kleinigkeiten nicht geachtet.

Es ist nicht der Hund, der Dinge auf dem Hundeplatz »kann« und zu Hause »nicht kann«. Alles was der Hund tut, ist, seinen Menschen zu beobachten und darauf zu reagieren. Wenn Sie auf dem Hundeplatz hoch konzentriert sind und Ihrem Hund Ihre volle Aufmerksamkeit schenken, ist es kein Wunder, wenn Ihr Hund sich plötzlich auch für Sie interessiert.

Ein Schlüssel zur erfolgreichen Hundearbeit ist Aufmerksamkeit. Und zwar auf beiden Seiten. In einer Übungssituation wie auf dem Hundeplatz fällt es den meisten Menschen leicht, sich zu konzentrieren und »da« zu sein. Im Alltag dagegen sind wir ständig abgelenkt und mit den Gedanken woanders. Es ist der Mensch, der so alle Kommunikationskanäle zum Hund dicht macht – es ist klar, dass der Hund dann den Menschen völlig uninteressant findet und seine eigenen Entscheidungen trifft.

Sie sollten also wirklich bei Ihrem Hund sein, auch mit den Gedanken. Das bedeutet, frühzeitig zu bemerken, wann der Hund das Interesse an Ihnen verliert und seine Aufmerksamkeit anderen Dingen zuwendet. Handeln Sie nicht erst, wenn der Hund bereits dem Hasen hinterherrennt! Beobachten Sie, wo Ihr Hund hinschaut – der Rest des Hundes wird seiner Blickrichtung bald folgen. Fordern Sie die Aufmerksamkeit Ihres Hundes beim Spaziergang immer wieder ein, rufen Sie ihn kurz zu sich und beschäftigen Sie sich mit ihm.

Der Hund muss Sie zwar nicht die ganze Zeit wie gebannt beobachten, aber er sollte stets darauf achten, was Sie gerade tun, und bereit sein, darauf zu reagieren. Hunde sind sehr neugierig, nutzen Sie das aus.

Je besser Sie gelernt haben zu kommunizieren und je stabiler die Bindung wird, desto einfacher und selbstverständlicher wird es für beide, auch dann noch den Draht zueinander zu halten, wenn Sie oder der Hund gerade abgelenkt sind. Ein Hund, der sich wahrgenommen fühlt, wird besser reagieren und nicht so schnell eigene Wege gehen.

AUFMERKSAMKEIT
einer der Bausteine guter Hundearbeit

Kommunikation zwischen Hund und Mensch

ZWEI DINGE SOLLTEN IHNEN ABSOLUT KLAR SEIN, WENN SIE VERSUCHEN, MIT IHREM HUND ZU KOMMUNIZIEREN: HUNDE VERSTEHEN DIE MENSCHLICHE SPRACHE NICHT. HUNDE HABEN EIN SEHR GUTES GEHÖR.

Beides ist doch völlig selbstverständlich, oder? Warum reden trotzdem so viele Menschen permanent auf ihre Hunde ein?

»Jetzt komm schon her, warum kannst du nicht hören, lass das sein ...« Schon für einen Menschen ist es nicht angenehm, dauernd so »zugetextet« zu werden. Für den Hund ist es nur unverständliches Gebrabbel. Er wird abstumpfen und unaufmerksam werden. Das allgemein übliche dauernde Reden – ob Tadel, Lob oder Beruhigung – hat für den Hund keine Bedeutung. Er kann nicht herausfiltern, was tatsächlich für ihn von Bedeutung ist. Damit der Hund auf Stimmkommandos reagieren kann, sollten Sie ihn immer mit seinem Namen (und nicht mit wechselnden Kosenamen!) ansprechen und sich seiner Aufmerksamkeit vergewissern, bevor Sie das Kommando geben.

Ebenso wenig können Sie Ihren Hund gezielt loben, wenn er an einen ständigen Strom nichtssagend-freundlicher Worte gewohnt ist. Der Effekt ist: Sie nehmen sich einerseits das wirkungsvollste Mittel, das Sie überhaupt haben – nämlich das Lob, andererseits bestätigen Sie mit Ihrem freundlichen Gemurmel Ihren Hund immer wieder ungewollt und wahllos in dem, was er gerade tut. Positive Verstärkung an

der falschen Stelle – durch völlig falsche Kommunikation mit dem Hund.

Und wenn der dann irgendwann gar nicht mehr reagiert – wird er auch noch angeschrien. Dabei hören Hunde sehr gut. Angebrüllt zu werden ist für sie genauso unangenehm wie für Sie und mich, und es wird ihn nicht davon überzeugen, dass es erstrebenswert ist, in Ihrer Nähe zu sein.

Hunde können durchaus eine ganze Reihe von Wörtern lernen: ihren Namen, Sitz, Platz, Aus usw. Sie können diese Kommandos aber nur verstehen (und befolgen), wenn sie klar und deutlich an sie gerichtet werden und nicht in einem verbalen Dauerregen untergehen.

Der Hund braucht Zeit, um Ihren Befehl zu befolgen. Bevor Sie einen Befehl also dreimal wiederholen, geben Sie ihm diese Zeit. Wenn die Befehle auf den Hund nur so einprasseln – »Sitz! Sitz! SITZ! Nein jetzt komm sofort wieder her! Nicht Platz, Sitz! Sitz hab ich gesagt! Nein! Ja, dann mach Platz! Platz! Und Sitz!« – wird jeder Hund nervös. Kommandos müssen kurz und deutlich kommen. Und bitte stets denselben Befehl verwenden – nicht mal »Sitz« und mal »setz dich«, oder mal »Platz« und mal »leg dich hin«.

Hunde müssen die Bedeutung von Kommandos selbstverständlich erst lernen. Auch das erlebe ich immer wieder: Hundehalter, die sich darüber ärgern, dass ihr Hund Kommandos nicht befolgt, die sie ihm überhaupt nicht beigebracht haben.

- **Kurze, klare Kommandos und bitte in Zimmerlautstärke.**
- **Um Ihre Kommandos zu befolgen, muss der Hund 1. bereit dazu sein (Bindung) und 2. verstehen, was Sie von ihm wollen (Kommunikation).**

Deutlich ausgeführte Handzeichen zeigen dem Hund die Richtung.

KÖRPERSPRACHE

Nutzen Sie zur Kommunikation eine Sprache, die der Hund versteht – die Körpersprache.

Das Kommando »Sitz!« wird Hunden oft dadurch beigebracht, dass ihr Hinterteil mit sanfter Gewalt zu Boden gedrückt wird. Sitzt der Hund, wird er gelobt. Allerdings ist es nicht unbedingt die erste Reaktion des Hundes, sich zu setzen, wenn er von oben runtergedrückt wird. Die meisten Hunde werden zuerst versuchen, dem Druck auszuweichen, nach vorne oder zur Seite, oder sich auf den Rücken rollen. Die instinktive Reaktion des Hundes auf Ihr Kommando ist also falsch. Für den Hund viel logischer und einfacher zu verstehen ist es, wenn Sie ihm durch Ihre Körpersprache zu verstehen geben, was Sie erwarten. Ihre Körpersprache »aufrechte Haltung, erhobener Arm« drückt aus: Schau nach oben! Dabei senkt sich das Hinterteil automatisch – der erste Schritt zum Sitzen ist getan. Der Hund muss keine abstrakten Kommandos erlernen, sondern seine instinktive Reaktion auf Ihr Signal und Ihre Körperhaltung ist richtig. Diese Reaktion müssen Sie nur noch durch Lob verstärken.

Der Blick nach oben ist schon der Ansatz zum Sitzen.

Die Körperhaltung reicht aus, um mit dem Hund zu kommunizieren ...

Körpersprachliche Kommunikation kommt ohne direkte Einwirkung aus. Vermeiden Sie es, den Hund in die gewünschte Position zu ziehen, zu drücken oder zu schieben. Der Hund soll auf Sie reagieren und aktiv das Kommando ausführen – nicht passiv irgendwo hingezerrt oder in eine Körperhaltung gezwungen werden.

Am Anfang setzen Sie Ihre Körpersprache übertrieben deutlich ein. Mit der Zeit können Sie die Signale immer mehr reduzieren, bis ein Fingerzeig oder ein Blick ausreicht. Sie werden auch immer weniger verbale Kommandos brauchen. Ein Hund, der gelernt hat, auf körpersprachliche Signale zu achten, wird aufmerksamer – er muss seinen Menschen schließlich genau beobachten, um mitzubekommen, was dieser von ihm will.

… Aufrichten fordert den Hund zum Sitzen auf, Vorbeugen bedeutet »Platz!«.

Eindeutigkeit ist auch in der körpersprachlichen Kommunikation wichtig. Achten Sie darauf, Kommandos immer korrekt zu geben. Wenn Sie »Sitz!« fordern, bleibt der Körper aufgerichtet – wenn Sie »Sitz!« sagen und sich dabei zum Hund hinunterbeugen, damit also »Platz!« anzeigen, hat der Hund keine Chance, es richtig zu machen.

Ein wichtiges Handzeichen in allen Lebenslagen ist das **»Stoppschild«**. Der vorgestreckte Handteller signalisiert dem Hund, Distanz zu halten und zu bleiben, wo er ist. Das Stoppschild wird uns noch häufig begegnen.

Die Kommunikation durch erlernte Hand- oder Lautzeichen ist nur ein kleiner Teil der Kommunikation zwischen Hund und Mensch. Hunde kommunizieren untereinander mit kleinsten Gesten – sie haben eine sehr feine Antenne

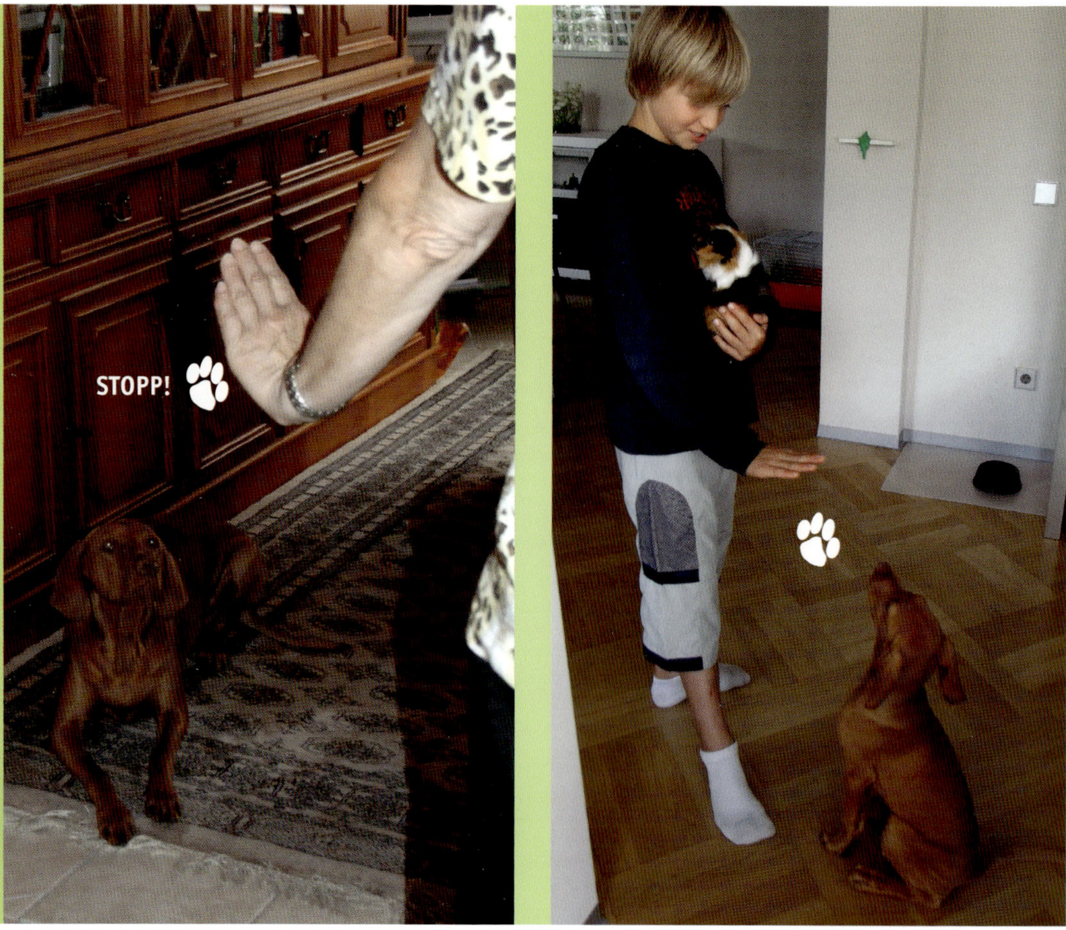

Das Stoppschild ist in allen Lebenslagen nützlich – der ausgestreckte Handteller hält den Hund davon ab, auf- oder hochzuspringen, das Meerschweinchen zu fressen oder das Spielzeug zu packen. Das Handzeichen muss dabei immer mit der entsprechenden Entschlossenheit in Körperhaltung und Ausdruck einhergehen.

für Körpersprache und Mimik, auch für die des Menschen. Sie verstehen diese unbewussten Signale viel besser als die gesprochene Sprache – die Körpersprache ist für den Hund sozusagen »lauter« als antrainierte Stimm- und Sichtzeichen. Was Sie sagen und zeigen ist weniger wichtig als wie Sie das tun. Der Hund beobachtet Sie genau und erkennt Stimmungen, Absichten und Unsicherheiten an Körperhaltung und Stimme.

Auch unter Menschen spielt die nonverbale Kommunikation natürlich eine sehr große Rolle – Sie werden freundlichen Worten keinen Glauben schenken, wenn die Gestik und Mimik Ihres Gegenübers dabei unfreundlich ist. Wir sind durchaus Experten darin, Körpersprache und Mimik zu lesen, ebenso wie unsere Hunde. Aber nur wenige Menschen sind sich der körpersprachlichen Signale, die sie aussenden, wirklich bewusst, geschweige denn in der Lage dazu, aktiv damit zu kommunizieren.

Viele Menschen senden Ihrer Umgebung das Signal: Ich bin harmlos und unauffällig, am besten achtet ihr gar nicht auf mich!

Dynamik und Körperspannung machen den Hund aufmerksam.

Oder auch: Ich interessiere mich nicht besonders für euch. Lasst mich bitte in Ruhe!
Oder: Ich möchte nicht auffallen und keinen Ärger machen! Höfliche Zurückhaltung beeindruckt Ihren Hund nicht. Damit er Sie als Chef akzeptiert, müssen Sie Selbstsicherheit, Entschlossenheit, Willenskraft ausstrahlen.

Sie sind groß, präsent, wichtig, Sie nehmen Ihre Umgebung wahr, Sie wissen, was Sie wollen und wo Sie hingehen – und erwarten ganz selbstverständlich, dass Ihr Hund Ihnen folgt.

WIE ERREICHT MAN DAS?

Sie müssen nicht von heute auf morgen ein völlig anderer Mensch werden. Machen Sie sich Ihre Körperhaltung bewusst und verändern Sie sie gezielt. Es ist vielleicht schwierig, Selbstsicherheit auszustrahlen, wenn Sie sich in diesem Moment unsicher fühlen. Versuchen Sie es trotzdem. Sie werden merken, dass Sie sich bald auch tatsächlich weniger unsicher fühlen. Das wichtigste: Halten Sie eine gewisse Körperspannung. Richten Sie sich auf, versuchen Sie

Der Hund spiegelt die Haltung des Menschen. Falk ist hier genauso unaufmerksam wie ich ...

groß zu wirken, atmen Sie tief, öffnen Sie die Augen, heben Sie den Blick. Ihr Hund wird die Veränderung sofort registrieren und aufmerksamer auf Sie achten (andere Menschen übrigens auch). Man braucht dazu nicht die Körperbeherrschung eines Sportlers, obwohl das natürlich hilft. Vergleichen Sie vor dem Spiegel, wie sich der gesamte Ausdruck Ihres Körpers zwischen Spannung und Anspannung verändert.

Allein damit kommunizieren Sie bereits mit Ihrem Hund. Körperspannung signalisiert Interesse, Aktivität, Aufmerksamkeit. Ihr Hund wird Sie entsprechend gespannt beobachten. Entspannung signalisiert Desinteresse und Passivität. Ihr Hund weiß, dass nun nicht mit irgendetwas Interessantem zu rechnen ist. Sie können diesen Kontrast sehr gut dazu einsetzen, um Ihrem Hund zu signalisieren, wann Sie etwas von ihm erwarten und wann nicht. Wenn Sie den Hund aus der Arbeit »entlassen« wollen, setzen Sie ein Stimmkommando ein, wie beispielsweise »und ab!« oder »lauf!«. Dieses Kommando kommt aber nicht aufmunternd, sondern leise und neutral, während Sie sich abwenden und Ihre Körperspannung nachlässt. Dieses Entspannen ist es, was den Hund eigentlich aus der Anspannung der Arbeit entlässt. Genauso signalisieren Sie Ihrem Hund durch Aufbau von Körperspannung und der Hinwendung zu ihm: Jetzt kommt was, achte auf mich! Die Worte dazu braucht der Hund eigentlich gar nicht – aber Worte allein genügen nicht. Je ausgeprägter

... aber nur ein paar Sekunden später ist er voll da.

und »spannender« Ihre körpersprachliche Kommunikation wird, umso interessanter wird Ihr Hund Sie finden. Ein Mensch, der sich hängen lässt, ist langweilig und macht keinen Spaß. Körpersprachliche Kommandos funktionieren umso besser, je mehr der ganze Körper durch Körperspannung, Haltung und Ausstrahlung das Kommando unterstützt. Wenn Sie verkörpern, was Sie erreichen wollen, sind Sie viel überzeugender.

Körperspannung hat dabei nichts mit einer verkrampften oder nervösen Anspannung zu tun. Sie sollten immer locker bleiben, ruhig atmen, im Körper aufgerichtet sein und Ihre Stimme unter Kontrolle haben. Das Gegenteil von klarer Körpersprache sind ungenaue, hektische Bewegungen. Unruhiges Herumgefuchtel mit den Händen und Armen ist sozusagen der Kardinalfehler. Bemühen Sie sich um ausdrucksstarke Bewegungen und halten Sie die Hände so ruhig wie möglich.

Das einfachste Gegenmittel gegen zu viel Anspannung ist ein Lächeln. Wenn Sie spüren, dass Sie nervös werden, der Körper sich verkrampft, die Bewegungen hektisch werden, die Atmung nicht mehr tief ist, die Stimme schrill wird – unterbrechen Sie sich und fordern Sie sich selbst auf, tief durchzuatmen, den Blick zu heben und zu lächeln. Das kann Wunder wirken!

Gila zeigt durch Jaulen, dass sie nicht versteht, was Marianne von ihr will.

STIMME

Was der Hund durch körpersprachliche Signale lernt, kann er bald auch mit dem dazugehörigen Stimmkommando verbinden. Die Körpersprache ist für einen Hund, der den Menschen aufmerksam beobachtet, aber immer das stärkere Signal. Also wundern Sie sich nicht, wenn Ihr Hund nicht sitzt, wenn Sie ihm mit dem Körper Platz! bedeuten – z.B., weil Sie sich zum Hund hinunterbeugen, statt aufgerichtet zu bleiben. Es kommt vor allem auf den Tonfall an. Stimmkommandos müssen nie laut sein (der Hund ist ja nicht taub, auch wenn er »nicht hört«), aber druckvoll. Sie sagen nicht »bitte, bitte mach Sitz!«, sondern »Sitz!« – klar und deutlich, mit Bestimmtheit in der Stimme. Sie erwarten, dass der Hund sich setzt.

Sie brüllen auch nicht: »SITZ!« Ein lauter Feldwebelton verschreckt jeden Hund. Vor allem beim Kommando »Hier!« oder »Komm!« ist das fatal – Sie brüllen – der Hund kommt nicht – Sie brüllen lauter ... Wenn der Hund auf ein eigentlich bekanntes Stimmkommando nicht reagiert, überprüfen Sie Ihre Körpersprache und Ihre Stimmlage, vermutlich liegt der Fehler dort. Und vermeiden Sie unbedingt den zweiten Kardinalfehler, der sich sehr oft zum ersten, dem Herumfuchteln, dazugesellt:

Reden Sie nicht dauernd auf den Hund ein. Lassen Sie dem Hund einige Sekunden Zeit zum Reagieren, bevor Sie das Kommando wiederholen. »Sitz!«, bleibt »Sitz!« und wird nicht zu »jetzt setz dich doch endlich, na komm schon, mach Sitz ...«

Führen Sie einen Befehl stets zu Ende, bevor der nächste kommt, und überlegen Sie es sich nicht mittendrin anders.

Wenn Ihr Hund während dem Üben anfängt zu jaulen, herumzuzappeln oder sich verkriechen möchte, ist er wahrscheinlich gerade völlig überfordert von den vielen widersprüchlichen Signalen, die er empfängt. Überprüfen Sie Ihre Körpersprache, werden Sie ruhiger, kommunizieren Sie klar und deutlich, dann wird auch der Hund besser reagieren.

IHR HUND SPIEGELT SIE!

Wenn Ihr Hund etwas richtig macht, können Sie das durch eine Belohnung verstärken. Noch wichtiger ist aber, dass Sie Ihrem Hund durch Ihr Verhalten klar und deutlich zeigen, dass Sie geradezu begeistert von ihm sind. Zeigen Sie das deutlich, lächeln Sie, freuen Sie sich, loben Sie Ihren Hund freudig. So locken Sie desinteressierte, abgestumpfte Hunde aus der Reserve. Nur wenn Sie selbst munter sind, wird es auch der Hund!

Umgekehrt müssen Sie bei nervösen, unruhigen und überdrehten Hunden besonders auf ruhige, kontrollierte Bewegungen achten. Immer wieder tief durchatmen, Ruhe reinbringen, klare Kommandos geben. Das ist besonders schwierig, aber auch besonders wichtig.

Aufgeregte Hunde werden sofort ruhiger, wenn der Mensch es wird – und umgekehrt. Wenn Ihr Hund also hektisch wird, beobachten Sie sich zuerst selbst: Sind Sie nervös, hektisch, unkonzentriert, unsicher? Ihr Hund merkt das sofort – und verhält sich genauso. Nichts klappt mehr? Machen Sie eine Pause, üben Sie erst weiter, wenn Sie sich wieder konzentrieren können und ruhiger geworden sind.

Der Australian Shepherd Lou spiegelt die Anspannung seiner Besitzerin. Er ist unsicher und fühlt sich in Martinas Nähe im Augenblick nicht wohl.

Beide müssen sich erst wieder entspannen, bevor die Arbeit weitergehen kann.

Hunde sind Persönlichkeiten

KOMMUNIKATION IST KEINE EINBAHNSTRASSE. IHR HUND TEILT IHNEN MIT, WIE ES IHM GEHT, WAS ER MAG, WAS IHN STRESST, WAS IHM SCHWER UND WAS IHM LEICHT FÄLLT. Sie müssen ihm nur zuhören. Ich will hier nicht die gesamte Palette von Gestik und Mimik des Hundes aufzählen. Wer sich einarbeiten möchte, findet dazu gute Literatur. Ich halte es aber auch gar nicht für sinnvoll, zu versuchen, jeder Geste eine bestimmte Bedeutung zuzuordnen und wie Vokabeln auswendig zu lernen. Achten Sie auf den Hund im Ganzen, nicht nur auf einzelne Gesten.

Um Hunde wirklich zu verstehen, ist jahrelange Beobachtung nötig. Kein Problem, Sie haben einen Hund, und Sie haben Zeit!

Wichtiger, als jede einzelne Geste richtig zu interpretieren, ist es, die Reaktionen Ihres Hundes im Zusammenhang einschätzen zu lernen. Man muss kein Verhaltensbiologe sein, um Stimmungen und Befinden des Hundes zu beobachten. Fragen Sie sich, wie die Welt aus der Sicht Ihres Hundes aussieht, lernen Sie, Ursachen für Probleme zu erkennen, und suchen Sie dabei zuerst bei sich selbst. Die Fallbeispiele in diesem Buch liefern dafür viele Anhaltspunkte. Nicht immer ist die aus Menschensicht nahe liegende Erklärung die richtige.

Sie erkennen mühelos, ob Ihr Hund mit freudigem, wachem Blick auf Sie zuläuft, oder ängstlich und unterwürfig angeschlichen kommt. In welchen Situationen ist er freudig, wann wirkt er ängstlich?

Beobachtet er Sie aufmerksam? Ist er interessiert – oder misstrauisch? Wendet er sich ab? Schaut der Hund Sie herausfordernd an? Unterwürfig? Auffordernd? Oder geht er Blickkontakt aus dem Weg? Wirkt er entspannt oder angespannt? Ängstlich oder selbstsicher? Wirkt er gestresst? Empfindet er eine Situation als angenehm oder ist er bereit zur Flucht und würde am liebsten sofort verschwinden?

Was ist vorher passiert? Schauen Sie genau hin, und lernen Sie, die Signale Ihres Hundes zu lesen. Versuchen Sie, schon kleine Anzeichen zu erkennen.

Wenn Sie zum Beispiel wissen, dass Ihr Hund das tägliche Bürsten als Stress empfindet, dann achten Sie auf seine Signale, bevor er nach Ihrer Hand schnappt. So lernen Sie, seine vorangehenden Drohgebärden zu erkennen und können handeln, bevor der Stress zu groß wird und Hund seine Zähne einsetzt. Nur, wenn Sie einschätzen können, wie Ihr Hund reagiert, können Sie sich an Probleme herantasten und die Grenzen langsam verschieben.

Wenn Ihr Hund aggressiv oder allzu stürmisch auf andere Hunde zugeht, beobachten Sie, wie Sie sich in der Situation verhalten. Haben Sie dem Hund deutlich gezeigt, dass kein Grund zur Aufregung besteht? Oder haben Sie selbst den anderen Hund angespannt beobachtet, sind Sie eilig ausgewichen oder zu direkt auf ihn zugegangen? Versuchen Sie Ihr eigenes Verhalten zu ändern und beobachten Sie genau, wie der Hund darauf reagiert.

Fragen Sie sich auch, was Ihr Hund als angenehm empfindet. Genießt er Streicheleinheiten oder lässt er sie nur über sich ergehen? Auch wenn Sie sicher sind, dass Ihr Hund genug Bewegung hat, weil Sie zwei Stunden täglich mit ihm Fahrrad fahren – hat er auch genug geistige Beschäftigung?

Oft wird ein Hund einer bestimmten Rasse angeschafft, weil er angeblich für dieses oder jenes besonders geeignet ist. Die individuellen Stärken oder Schwächen geraten dabei leicht aus dem Blick. Der eine »ideale Familienhund«

genießt es, stundenlang mit den Kindern herumzutollen – ein anderer erlebt dasselbe als Stress. Der eine ist besser für die hoch konzentrierte Rettungshundearbeit geeignet, der andere für die lebhafte Agility. Manche Hunde suchen gerne die unmittelbare Nähe des Menschen, andere fühlen sich auch an der Leine mit einem gewissen Abstand einfach wohler – und tun sich darum schwerer, auf dem Hundeplatz perfekt Fuß zu laufen. Was für den einen Hund kein Problem ist, wird bei einem anderen zum Drama. Je besser Sie die Persönlichkeit Ihres Hundes kennen lernen, umso besser können Sie seine Stärken nutzen und an den Schwächen arbeiten.

Denken Sie darüber nach, wie die Welt aus Sicht Ihres Hundes aussieht, statt ihn nur Ihren eigenen Wünschen und Erwartungen entsprechend zu behandeln. Lernen Sie, die Persönlichkeit Ihres Hundes zu respektieren.

Ebenso falsch, wie dem Hund ständig die eigenen Wünsche aufzuzwingen, ist es, alles und jedes mit der Vorgeschichte des Hundes zu entschuldigen. Da wird nicht daran gearbeitet, dass der Hund jeden Schäferhund attackiert, sondern die Sache damit abgetan, dass er mal von einem Exemplar dieser Rasse gebissen wurde. Die menschliche Sichtweise, alle Schäferhunde fortan als böse zu betrachten, überträgt sich durch das Verhalten des Menschen sehr schnell auf den Hund. Es ist richtig und wichtig, auf besondere Ängste des Hundes Rücksicht zu nehmen, und behutsam daran zu arbeiten, aber es ist ganz sicher falsch, diese Ängste ständig zu bestätigen und damit zu verstärken.

Oder der arme misshandelte Hund aus der Tierrettungsstation, der verhätschelt und verwöhnt wird, aber nicht erzogen – bis ein vernünftiges Zusammenleben nicht mehr möglich ist. Gerade Hunde mit schlechten Vorerfahrungen brauchen Orientierung und die Bindung an einen verlässlichen menschlichen Sozialpartner, der bereit ist, die Führung zu übernehmen.

Nur so können sie sich weiterentwickeln und zu stabilen Persönlichkeiten werden.

Momo, eine Fallgeschichte

MOMO UND SEINE BESITZERIN HEUTE.

MOMO, EIN ZWEIJÄHRIGER PEKINESE, KAM ALS WELPE IN DIE FAMILIE. ER WURDE ALS ZWEITHUND FÜR DIE 13-JÄHRIGE TOCHTER ANGESCHAFFT. Anders als sein Kollege, der Pekinese Gismo, wurde Momo seiner Rolle als Schmusehund und Kuscheltier jedoch nicht gerecht. Schon bald fing er an zu beißen, wann immer er gestreichelt oder hochgenommen wurde. Als ich Momo kennen lernte, waren seine Beißattacken wirklich extrem: gegen die Familienmitglieder, aber auch gegen Besucher, besonders die beste Freundin der jungen Besitzerin. Es war ein Punkt erreicht, an dem seine Familie regelrecht Angst vor Momo hatte. Die Beziehung zu ihm war zutiefst gestört, obwohl alle Familienmitglieder ihn nach wie vor liebten und nicht weggeben wollten. Dass es nicht schon zu einer ernsten Verletzung gekommen war, lag nur daran, dass Momo einfach viel zu klein ist, um gravierenden körperlichen Schaden anzurichten.

Und genau da lag das Problem. Momo wurde überhaupt nicht ernst genommen. Die Familie behandelte ihn genauso, wie ihren anderen, friedlichen Hund. Momo wurde von Anfang an geliebt, geknuddelt und herumgetragen. Momo mochte das nicht, es verunsicherte und verängstigte ihn, aber seine Signale wurden nicht beachtet. Schließlich wusste sich der kleine Hund nur noch durch Beißen zu wehren. Und trotzdem versuchten die Menschen immer wieder, ihn zu streicheln und herumzutragen. Dass Momo eigentlich nicht aggressiv, sondern verängstigt war, wollte die Familie zuerst gar nicht glauben. Die Besitzer mussten lernen, Momos Signale richtig zu deuten und zu respektieren. Das übliche Streicheln war nun tabu – kein Wuscheln über den Kopf, kein Kraulen im Fell mehr. Kein Hochnehmen, kein Festhalten. Momo sollte von selbst kommen, wenn er Kontakt wollte, und musste merken, dass er auch wieder gehen konnte, wenn er genug hatte.

Das Futterspiel brachte erste Erfolge. Die Familienmitglieder saßen am Boden im Kreis und riefen den Hund abwechselnd zu sich. Wenn er kam, bekam er zur Belohnung ein Leckerchen.

Der Lerneffekt für Momo: Statt ihn zu streicheln – was Momo als gewaltsam empfand – kam von der Hand nun etwas Gutes, nämlich Futter. Behutsame Streicheleinheiten konnten bald in das Futterspiel integriert werden. Die Hand durfte dabei aber nicht mehr bedrohlich von oben kommen, sondern näherte sich vorsichtig und langsam von unten. Wenn Momo knurrte oder schnappte, verschwand die Belohnung mit einem »Nein!«. Der Hund konnte sich aber jederzeit ungehindert von der streichelnden Hand zurückziehen.

Vor allem sollte Momo Vertrauen zur 13-jährigen Shanice, seiner Besitzerin, aufbauen. Ein entscheidender Moment in der Arbeit mit Momo und ein großer Schritt hin zu einer stabilen Bindung war die Erfahrung, dass seine Chefin und Bezugsperson ihn tatsächlich beschützen kann und will. Mutter oder Vater sollten sich Momo nähern, um ihn zu streicheln oder hochzuheben. Shanice verhinderte das, indem sie die vermeintlichen Angreifer ruhig, aber bestimmt wegschob und daran hinderte, Momo zu berühren. Momo erfuhr, dass seine Chefin tatsächlich die Verantwortung für seine Sicherheit zu übernehmen bereit war: eine enorme Erleichterung für den kleinen Hund. Er lernte, dass es nicht mehr nötig war, sich zu verteidigen. Bald war er bereit, das neu gewonnene Vertrauen auf die anderen Familienmitglieder zu übertragen. Sie alle mussten Momo zeigen, dass sie als Ranghöhere in der Lage waren, ihn zu beschützen. Nach nur wenigen gemeinsamen Arbeitsstunden war das Problem weitgehend erledigt. Ein ausgesprochener Schmusehund wird aus Momo nie werden, und an manchen Tagen muss man ihn einfach in Ruhe lassen – an anderen jedoch sucht er nun von sich aus die Nähe des Menschen.

Momos Fall zeigt, dass es gravierende Folgen haben kann, wenn die Signale des Hundes missverstanden oder ignoriert werden. Seine Familie übertrug die Erfahrungen mit ihrem ersten Hund einfach unreflektiert auf den zweiten. Dass Momo anders war, wurde den Menschen zwar bald schmerzlich bewusst. Auf die Idee, auf seine individuelle Persönlichkeit einzugehen und ihn auch entsprechend anders zu behandeln, kamen sie aber einfach nicht.

Wenn Hunde aggressives Verhalten, noch dazu in der Familie, zeigen, ist es äußerst wichtig, jeden Einzelfall differenziert zu betrachten. Momos Geschichte ist deshalb keine Anleitung zum Nachmachen – in anderen Fällen können die Ursachen und die Lösung auch ganz anders sein.

Kapitel 4:
Bindung herstellen

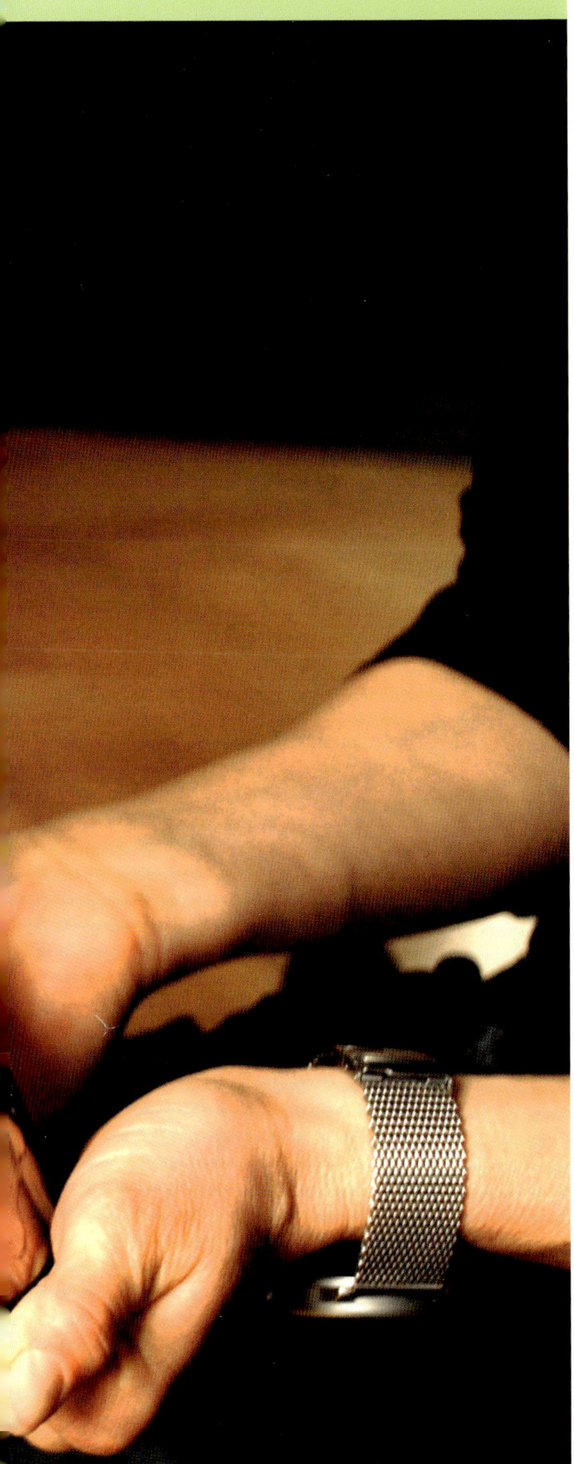

DIE ERSTEN SCHRITTE AUF DEM WEG ZU EINER STABILEN BINDUNG GEHEN SIE ÜBER EIN EINFACHES FUTTERSPIEL, OB MIT EINEM WELPEN ODER ERWACHSENEN HUND. Es ist ein guter Weg, sich kennen zu lernen, oder eine neue Beziehung zu Ihrem Hund aufzubauen. Auf der Basis des Futterspiels können Sie fast alle Probleme angehen.

Futter ist hier nicht als Belohnung im eigentlichen Sinne zu verstehen. Der Hund wird nicht für ein bestimmtes Verhalten belohnt, sondern soll neue Verhaltensmuster erlernen und Verknüpfungen herstellen.

Futter ist für den Hund grundsätzlich immer positiv besetzt. Die positive Erfahrung, gefüttert zu werden, überträgt sich auf die Situation, in der er gefüttert wird. Dadurch werden Ängste abgebaut und Vertrauen aufgebaut. Da wo es Futter gibt, ist es angenehm.

Futter ist Grundlage jeder Bindung. Die erste Lern-Erfahrung, die der Welpe macht, ist die, dass es eine gute Idee ist, der Futterquelle hinterherzulaufen: nämlich der Mutter. Demjenigen, der das Futter herbeischafft, zu vertrauen und zu folgen, ist für den Hund eine natürliche Verhaltensweise. Darauf können wir aufbauen. Damit der Hund Sie als Futterquelle wahrnimmt, müssen Sie aber mehr tun, als den Dosenöffner zu spielen und dem Hund das Futter vor zu setzen. Noch weniger wird der Hund Sie als den Futtergeber erkennen, wenn er einfach den ganzen Tag über am gewohnten Platz einen gefüllten Napf vorfindet.

Füttern Sie Ihren Hund für die nächste Zeit, etwa vier bis sechs Wochen, aus der Hand. Nehmen Sie sich für jede Mahlzeit zwischen 15 und 35 Minuten Zeit. Gesunde, erwachsene Hunde brauchen nur eine Mahlzeit am Tag. Wenn Sie öfter füttern möchten, geben Sie jede Mahlzeit aus der Hand.

Das Futterspiel

DER ERSTE SCHRITT: NEHMEN SIE DEN FUTTERNAPF UND SETZEN SIE SICH DAMIT AUF DEN BODEN, dorthin, wo der Hund in Zukunft seinen Futterplatz haben soll; oder bei, oder sogar in, seinem Körbchen (so schlagen Sie zwei Fliegen mit einer Klappe – siehe weiter unten, »Der richtige Platz für den Hund«).

Sprechen Sie den Hund mit seinem Namen an und sagen Sie das Stimmkommando für Kommen: »Hier!« oder »Komm!« Halten Sie den Futternapf auf dem Schoß. Der Hund soll zu Ihnen kommen und entspannt fressen. Wenn das klappt, nehmen Sie das Futter in die Hand und lassen den Hund aus der Hand fressen. Strecken Sie die Hand nicht weit von sich – der Hund soll ja nahe bei Ihnen fressen.

Keinen Stress verursachen! Kein Sprechen, kein Streicheln, schauen Sie den Hund anfangs nicht einmal direkt an.

Wenn der Napf leer ist, tun Sie nichts weiter, als den leeren Napf wegzustellen bis zur nächsten Mahlzeit und lassen den Hund in Ruhe.

Der junge Vizsla Arnold hat kein Problem damit, nahe beim Menschen zu fressen.

Was haben sie erreicht?

Der Hund hat bereits einiges kennen gelernt:

- Seinen Namen
- Das Kommando »Hier!«
- Herkommen hat angenehme Folgen
- Dieser Mensch hat die »Beute erlegt« und ist der Futtergeber
- Es ist in Ordnung, in seiner Nähe zu fressen
- Bei diesem Menschen kann ich mich sicher fühlen und entspannen
- Der Hund wird Sie nun – als die Futterquelle – bereits aufmerksamer beobachten.

Zeigen Sie Ihrem Hund: Futter ist nicht einfach da, sondern es kommt von Ihnen.

Den ganzen Tag lang einen gefüllten Futternapf herumstehen zu lassen, ist unnötig. Hunde sind, wie alle Raubtiere, keine Dauerfresser. Ein Überangebot an Futter lässt den Hund unaufmerksam und im schlimmsten Fall sogar krank werden.

Nach der Hauptmahlzeit braucht der Hund eine Ruhephase! Planen Sie also sein Verdauungsschläfchen ein. Mit vollem Magen herumzutollen. kann im schlimmsten Fall sogar zu einer gefährlichen Magenumdrehung führen.

Aus der Hand fressen fördert das Vertrauen des Hundes zum Menschen.

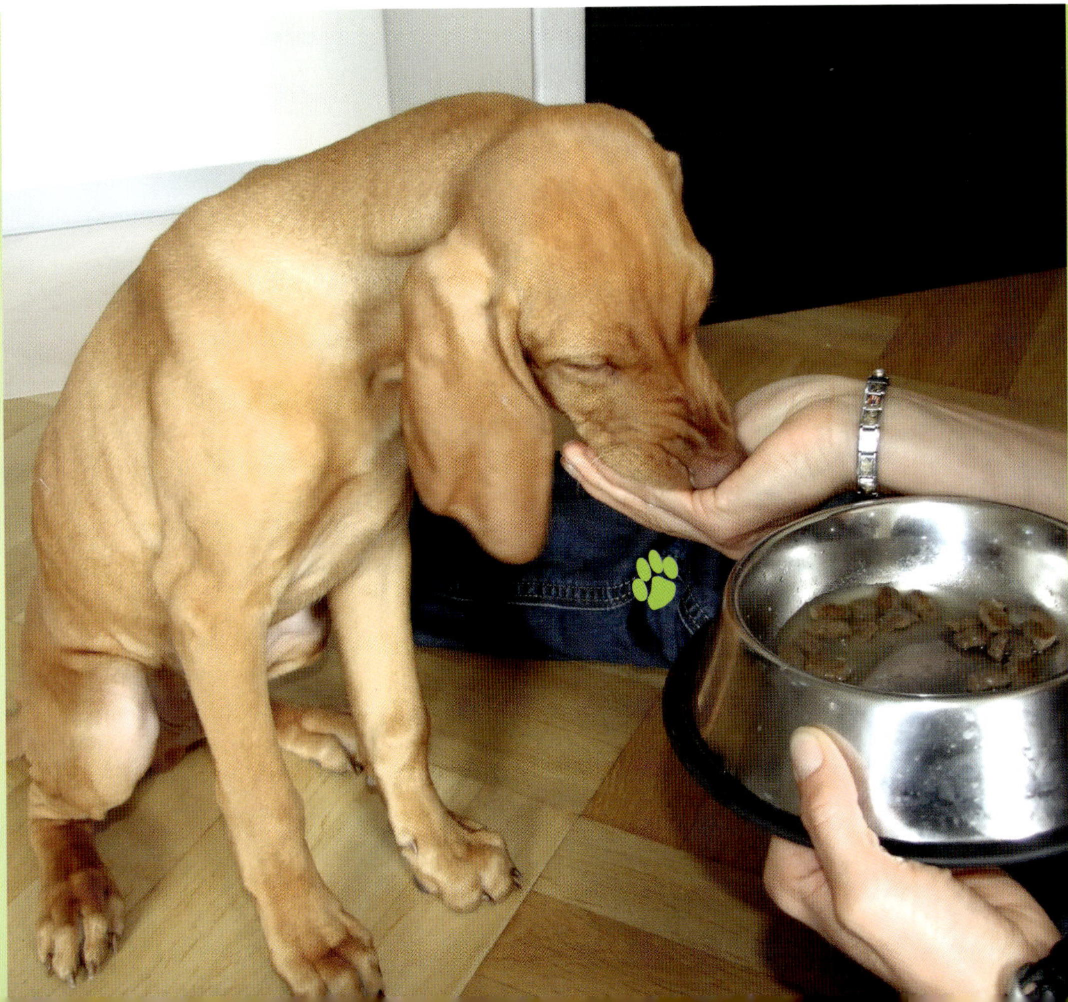

Betzi, eine Fallgeschichte

BETZI, EINE ZEHNJÄHRIGE MALTESERHÜNDIN, KAM AUS DEM TIERHEIM. IHRE BESITZERIN HATTE KURZ VORHER IHREN GELIEBTEN HUND VERLOREN, und wollte nun der kleinen Betzi ein neues Zuhause geben.
Sie ging natürlich davon aus, den neuen Hund genauso behandeln zu können wie den Vorgänger. Aber Betzi war ganz anders. Sie ließ sich zwar streicheln, aber nur sehr ungern hochheben, und bei der Fellpflege war endgültig Schluss. Betzi wehrte sich entschlossen und quittierte jeden Versuch, sie zu kämmen oder ihre verklebten Augen zu säubern, mit Beißattacken. Obwohl der Hund winzig ist, gelang es ihr schnell, sich bei ihrem Frauchen Respekt zu verschaffen. Diese hatte bereits regelrecht Angst vor ihrem vermeintlichen Schoßhund, als sie mich um Hilfe bat.

DEN BEIDEN HALF, DAS FUTTERSPIEL AUF DIE SITUATION DER FELLPFLEGE ZU ÜBERTRAGEN.

Schon der Anblick von Kamm, Bürste oder Waschlappen schlug Betzi in die Flucht. Wir nahmen den kleinen Hund also zunächst an die Leine, um sie am Weglaufen zu hindern, gaben ihr aber immer noch einen gewissen Rückzugsraum. Mit Futter – in einer für den Hund so schwierigen Situation sollte es eine besondere Leckerei sein, die der Hund sehr gerne mag, z.B. Wurst oder Fleischstückchen – wurde Betzi näher gelockt und erst mal ganz entspannt gestreichelt, während der Kamm einfach nur daneben lag. Im nächsten Schritt wurde ein kleines Stückchen Wurst auf dem Kamm oder dem Waschlappen gereicht, um das vermeintliche Folterinstrument dem Hund im wahrsten Sinne des Wortes »schmackhaft« zu machen.

Nun sollte Betzi die Berührung des Kamms tolerieren. Zunächst benutzten wir nur die Rückseite des Kammes, so dass wirklich nichts ziepen konnte, gleichzeitig gab es ein Futterbröckchen. Das kann man gut zu zweit üben – einer kämmt, der andere füttert. Wichtig ist die Gleichzeitigkeit der Erfahrung: das gefürchtete Kämmen wird positiv besetzt durch das Futter im selben Moment. Bei der geringsten Andeutung von Knurren oder Schnappen verschwand das Futter sofort, stattdessen gab es ein deutliches, aber ruhiges und bestimmtes Nein! und ein Leinensignal – ein Antippen der Leine. Schon bald ließ sich Betzi mit dem Kamm berühren. Auch der Wachlappen verlor seinen Schrecken. Am Ende der ersten Übungsstunde konnte ich dem Hund ohne Gegenwehr die verklebten Augen säubern.

Die Besitzerin brauchte zwar ein paar Tage länger, bis sie Vertrauen zu ihrem Hund fasste und aufhörte, schon zurückzuzucken, wenn der Hund ein Schnappen nur andeutete. Geduldiges tägliches Üben in kleinen, behutsamen Schritten brachte aber den erwünschten Erfolg und nach ein paar Tagen ließ sich die Hündin schließlich sogar vorsichtig bürsten.

Das ging so schnell, weil Betzi eigentlich keine besonders ausgeprägte Angst vor dem Kämmen hatte. Sie hatte nur irgendwann in ihrem Leben beschlossen, sich nicht mehr auf Derartiges einzulassen, sicherlich aufgrund schlechter Erfahrungen in ihrem Vorleben. Bei näherer Untersuchung zeigte sich, dass sie einige schmerzempfindliche Stellen am Rücken hatte, vielleicht aufgrund alter Verletzungen. Für Betzi war es nicht nur wichtig, zu merken, dass ihr Protest ab sofort nicht mehr den gewünschten Erfolg hatte, sondern auch die Erfahrung, dass ihr tatsächlich niemand weh tat. Bei einem solchen Hund ist es enorm wichtig, ganz langsam vorzugehen. Das muss nicht bedeuten, dass es Wochen dauert – bei Betzi konnten wir schon in der allerersten Stunde viele Schritte zurücklegen. Wichtig ist es, diese Schritte in Ruhe und der Reihe nach zu tun. Zuerst die Berührung der Hand, dann die Berührung durch den Kamm oder die Bürste, ohne zu kämmen, erst dann Kämmen an einer weniger problematischen Stelle des Körpers, und erst zum Schluss wird dort gebürstet, wo es der Hund am wenigsten mag.

EINES ZEIGT DAS BEISPIEL DER KLEINEN MALTESERHÜNDIN SEHR GUT:

Man hat es bei solchen Problemen sowohl mit Angst als auch mit Respektlosigkeit zu tun. Betzi hatte einerseits Angst davor, angefasst und gekämmt zu werden. Diese Angst mussten wir ihr nehmen. Andererseits hatte die durchaus selbstbewusste kleine Hündin vor ihrer Besitzerin keinen Respekt, knurrte sie an und schnappte nach ihr. Diese musste deshalb lernen, sich ihrem Hund gegenüber durchzusetzen.

Es ist nicht immer einfach, hier das richtige Maß zu finden. Es ist dem Hund gegenüber nicht fair, ihn zu tadeln, wenn er sich aus Angst oder gar Schmerzen wehrt – es ist aber ebenso falsch, sich eine Respektlosigkeit wie knurren oder gar beißen gefallen zu lassen. Also immer nur soweit gehen, wie der Hund es ertragen kann, ohne sich massiv zu wehren, dabei kleine Respektlosigkeiten nicht dulden, und von Mal zu Mal ein kleines Stückchen weiter vortasten.

Anfangsprobleme

GLEICH ZU ANFANG – NOCH BEVOR SIE MIT DEM EIGENTLICHEN FUTTERSPIEL BEGONNEN HABEN – KÖNNEN DIE ENTSCHEIDENDEN PROBLEME AUFTRETEN.

Versuchen Sie nicht, diese erste Phase schnell abzuhaken – sie ist die wichtigste Phase überhaupt. Denn jetzt wird der Grundstein für alles Weitere gelegt.

Es gibt zwei Kategorien von Problemen, die jetzt auftreten können. **Die Erste** ist die der Hunde, die dem Menschen nicht vertrauen. Sie fühlen sich nicht wohl dabei, in seiner Nähe oder aus seiner Hand zu fressen. Manche nähern sich nur zögernd, andere knurren oder lassen sich nicht anfassen.

Die Zweite ist die weitaus häufigere. Das sind die ungeduldigen, ungestümen Hunde, die nicht gelernt haben, ruhig auf ihr Futter zu warten, und ausflippen, sobald sie verräterische Geräusche aus der Küche hören.

Auch wenn Sie mit Ihrem Hund keine ausgeprägten derartigen Probleme haben, fragen Sie sich doch einfach mal, in welche der beiden Kategorien ihr eigener Hund wohl eher fallen würde und üben Sie entsprechend.

WAS TUN, WENN ...

... der Hund ängstlich ist? Vielleicht haben Sie einen misshandelten Hund aus einer Tierauffangstation geholt, oder der Hund hatte bisher wenig Umgang mit Menschen. Wenn der Hund zunächst nicht freiwillig in Ihre Nähe kommt, setzen Sie sich zuerst in einigem Abstand neben den Futternapf und verringern den Abstand von Tag zu Tag ganz allmählich. Sehen Sie den Hund dabei nicht an, ignorieren Sie ihn einfach. Irgendwann nehmen Sie den Futternapf auf den Schoß und gehen dann dazu über, mit der Hand zu füttern, bis der Hund aus Ihrer Hand frisst, immer noch, ohne ihn direkt anzusehen. Erst wenn der Hund entspannt bei Ihnen und aus Ihrer Hand frisst, beginnen Sie, ihn vorsichtig anzufassen und zu streicheln, während Sie ihm Futter geben. Jetzt beginnen Sie auch, Blickkontakt aufzubauen.

Wenn der Hund Sie anknurrt oder gar schnappt, nehmen Sie das Futter weg und sagen ruhig und bestimmt – aber nicht laut – Nein! Achten Sie dabei auf langsame, kontrollierte Bewegungen! Nicht erschrocken zurückzucken – sonst haben Sie Ihrem Hund gerade gezeigt, dass er Sie ohne weiteres vertreiben kann.

Dann reichen Sie das Futter wieder und fangen von vorne an. Gehen Sie behutsam und in kleinen Schritten vor. Das Vertrauen eines ängstlichen oder misstrauischen Hundes können Sie nur langsam gewinnen, aber schnell verlieren.

Die streichelnde Hand sollte immer von unten kommen. Beugen Sie sich nicht über den Hund – das ist eine Drohgebärde. Besonders kleine Hunde fühlen sich von oben schnell bedroht.

Achten Sie auf ruhige Bewegungen. Streicheln Sie behutsam – nicht kraulen. Nähern Sie sich den Körperteilen, an denen der Hund nicht gerne angefasst wird, ganz langsam und vorsichtig an.
Bei Hunden, die sich nicht anfassen lassen, sollten Sie viel Zeit und Ruhe für diese Phase des Futterspiels aufbringen.
Wenn der Hund die Berührung an bestimmten Körperteilen gar nicht toleriert, sollten Sie unbedingt abklären, ob er Schmerzen hat!

WAS TUN WENN …
… der Hund nicht ruhig auf die Aufforderung wartet, zum Futter zu kommen?

Das ist häufig und wird von vielen Hundebesitzern als normal betrachtet.

Nicht zulassen! Viele Hunde rennen schon aufgeregt in die Küche, sobald man sich auf den Schrank zu bewegt, in dem das Futter auf-

Arnold will hochspringen, um den Futterbrocken zu erreichen. Die Hand als Stoppschild hält ihn davon ab.

bewahrt wird. Verweisen Sie den Hund konsequent aus der Küche. Notfalls Tür zu! Bei einem solchen Hund ist es sinnvoll, immer wieder mal in die Küche zu gehen, die »magische Schranktür« zu öffnen, hinter der sich das Futter verbirgt, vielleicht mal die Packung zu schütteln, um sie dann kommentarlos zurückzustellen. Ohne dass irgendetwas passiert, ohne den Hund zu beachten. Auf diese Weise wird das Theater mit der Zeit weniger werden.

Das Futter gibt es erst, wenn der Hund ruhig darauf wartet. Das ist das Ziel. Aber auch, wenn Ihr Hund alles andere als ruhig bleibt – machen Sie kein großes Theater darum, kein Schimpfen oder Zetern. Wenn der Hund aufdringlich wird, schieben Sie ihn einfach beiseite. Ein ruhiges, aber bestimmtes Nein! Drehen Sie sich weg, nehmen Sie das Futter weg. Nicht hochhalten! Wenn Sie das Futter hochhalten, wird der Hund auch hoch springen. Wenn Sie das nun aufgeregt versuchen zu unterbinden, wird für den Hund ein lustiges Spiel daraus. Achten Sie also darauf, ruhig zu bleiben, nicht herumzufuchteln. Ignorieren Sie den Hund, statt auf sein Getue einzugehen. Verstecken Sie auch nicht die Hand hinter dem Rücken – der Hund würde dem Futter hinterherlaufen. Er soll aber vor Ihnen bleiben und Abstand halten. Konzentrieren sie sich darauf, die Aufmerksamkeit Ihres Hundes auf sich zu ziehen. Die ausgestreckte Handfläche zwischen Ihnen (und dem Futter) und dem Hund signalisiert Stopp!

Futter gibt es nur, wenn der Hund ruhig bleibt, nicht hochspringt und nicht drängelt. Nicht nur beim Futterspiel, sondern immer, wenn der Hund Futter bekommt. Es kann anfangs noch etwas unruhig zugehen, aber der Hund darf Sie nicht bedrängen. Hunde lernen das sehr viel schneller, als die meisten Besitzer denken. Wichtig ist es, jedes Mal konsequent darauf zu bestehen – auch wenn es am Anfang länger dauert. Wenn Sie selbst dabei gelassen bleiben, wird auch der Hund von Mal zu Mal ruhiger werden.

Notfalls kommt das Futter wieder in die Küche und die Tür geht zu. Eine halbe Stunde später starten Sie den nächsten Versuch. Auf keinen Fall bekommt der Hund sein Futter solange er Theater macht (er überlebt es problemlos, wenn er sein Futter mal später bekommt). Achten Sie darauf, selbst dabei ganz ruhig und souverän zu bleiben. Wenn Sie schon nervös sind, sobald Sie sich auf die Küche zu bewegen, merkt der Hund das und wird selbst aufgeregt. Im Umgang mit ungestümen Hunden ist es für viele Hundebesitzer tatsächlich schwieriger, das eigene Verhalten unter Kontrolle zu bekommen, als das des Hundes. Hier ist Ihre Körpersprache besonders wichtig. Strahlen Sie Ruhe und Entschlossenheit aus.

Werden sie nicht »rückfällig« – auch wenn der Hund die letzten zehn Mal brav gewartet hat, muss er das auch beim elften Mal noch tun. Viele Menschen neigen dazu, schlampig zu werden, sobald sich das Gefühl einstellt, dass etwas gut klappt – statt zu versuchen, sich weiter zu verbessern. »Macht ja nichts, wenn er jetzt einmal nicht brav war« denken Sie, und geben das Futter trotzdem. Aber gerade, wenn ein falsches Verhalten vor der Korrektur schon verfestigt war, kommt es sehr schnell zurück. Also: auch hier konsequent bleiben. Dann werden Sie und Ihr Hund von Mal zu Mal besser, bis schließlich alles ganz selbstverständlich ruhig und stressfrei abläuft.

ZURÜCK ZUM FUTTERSPIEL:

Bei ungestümen Hunden ist es oft einfacher, nur einen Futterbrocken in der Hand zu verstecken, statt den ganzen Napf »beschützen« zu müssen. Viele Hunde sind so auf ihren Napf fixiert, dass es kaum möglich ist, ihre Aufmerksamkeit davon abzulenken.

Also: erstmal weg mit dem Napf. Füllen Sie Trockenfutter in einen Futterbeutel am Gürtel und füttern Sie nach und nach aus der Hand. Wenn der ängstliche Hund Ihre Nähe toleriert und der ungestüme Hund gelernt hat, Sie zu beachten und abzuwarten, bis Sie das Futter geben, erweitern Sie das Futterspiel.

DER ZWEITE SCHRITT

Setzen Sie sich zum Hund auf den Boden oder gehen Sie in die Hocke – auf die Ebene des Hundes. Damit werden Sie für den Hund sofort interessanter und verhindern außerdem Hochspringen.

Stellen Sie nun Blickkontakt her. Dazu sprechen Sie den Hund an und fordern seine Aufmerksamkeit. Sobald der Hund Sie anschaut (!), geben Sie einen Futterbrocken aus der Hand. Es kommt darauf an, den richtigen Moment zu erwischen: der Moment, in dem der Hund seine Aufmerksamkeit vom Futter weg auf Sie richtet. Dafür, in genau diesem Moment, bekommt er aus Ihrer Hand einen Futterbrocken. Wieder ist es besonders wichtig, die Hand mit dem Futter nicht weit von sich zu strecken – der Hund soll schließlich zu Ihnen kommen und ruhig bei Ihnen fressen. Auf keinen Fall dürfen Sie herumfuchteln oder die Hand hoch nehmen – das macht den Hund unruhig und animiert ihn zum Hochspringen.

Der Hund weiß, dass Futter in Ihrer Hand versteckt ist und wird die Hand beobachten. Damit der Hund nun Sie anschaut und nicht nur Ihre Hand, führen Sie also die Hand mit dem Futter auf der Blickachse zwischen sich und dem Hund. Ihre Hand kommt dabei aus der Körpermitte, d.h. sie bewegt sich auf einer gedachten Linie, die in etwa zwischen der Hundeschnauze und Ihrem Kinn verläuft. Stellen Sie sich vor, Sie ziehen mit Ihrer Hand den Blick des Hundes wie an einem Faden auf sich zu. Zusätzlich können Sie den Hund durch Ihre Stimme auf sich aufmerksam machen. Sagen Sie seinen Namen – aber nicht im Befehlston, sondern freundlich und auffordernd.

Damit erreichen Sie, dass der Hund Sie anschaut. In diesem Moment wandert die Hand

Blickkontakt: Arnolds Interesse für das Futter überträgt sich auf Beate.

auf der gedachten Linie zum Hund und er bekommt das Futter.

Die Verbindung: Aufmerksamkeit – Blickkontakt – Futterlob ist hergestellt. Der Hund wird nun immer öfter von sich aus den Blickkontakt suchen – und zwar auch ohne jedes Mal Futter zu bekommen.

Was haben Sie bisher erreicht?

- Der Hund hört auf seinen Namen und kennt das Kommando Komm! oder Hier!
- Er hat Vertrauen in Ihre Nähe gefasst und gelernt, Ihre Berührung zu tolerieren.
- Er hat gelernt, Sie aufmerksam zu beachten und Blickkontakt zu suchen.
- Er hat gelernt, auf Ihre Aktion (die Futtergabe) zu warten und nicht eigenständig zu handeln, indem er sein Futter ungestüm einfordert oder sich einfach nimmt.
- Er hat gelernt, dass man für sein Futter etwas tun muss.

Blickkontakt bedeutet in diesem Zusammenhang nicht, dem Hund fest und tief in die Augen zu schauen. Ein solches Anstarren ist unter Hunden eine Drohgebärde. Es geht vielmehr darum, dass der Hund Sie aufmerksam anschaut. Stellen Sie sich vor, Sie sitzen jemandem im Gespräch gegenüber. Wer sein Gegenüber nicht anschaut, der hört auch nicht richtig zu.

Wenn Sie einander aufmerksam zuhören, schauen sich beide Gesprächspartner dabei aber nicht ständig in die Augen. Ein unverwandtes Anstarren empfindet auch ein menschliches Gegenüber als unangenehm oder sogar aggressiv.

Der Blick wandert vielmehr über das Gesicht, nimmt die Mimik des anderen wahr und stellt immer wieder kurzen Blickkontakt her. So signalisieren wir einem Gesprächspartner, dass wir freundliches Interesse an ihm haben. Diese Art von Blickkontakt stellen Sie auch zum Hund her.

Hunde reagieren unterschiedlich auf Blickkontakt. Überfordern Sie Ihren Hund nicht! Beobachten Sie, wie er reagiert und ob sein Verhalten sich verändert.

Es lohnt sich, von Zeit zu Zeit immer mal wieder den Hund eine Zeit lang auf diese Art aus der Hand zu füttern und die Bindungsarbeit aufzufrischen!

AUF DIESER BASIS KÖNNEN SIE NUN ALLES ANDERE ERARBEITEN.

Das Füttern aus der Hand soll aber kein Teil Ihres Alltags werden. Der Hund wurde durch das Füttern aus der Hand auf den Menschen fixiert und hat gelernt, ihn aufmerksam zu beobachten. Nun bekommt er seine Hauptmahlzeit wieder aus dem Napf. Bleiben Sie anfangs noch in der Nähe, lassen Sie dabei die Hand am Napf. Schließlich frisst der Hund alleine, ist aber Ihre Nähe gewohnt und lässt sie jederzeit zu.

Das Futterspiel bleibt ein wichtiger Bestandteil der täglichen Arbeit – jedes Mal, wenn Sie mit Futterlob arbeiten. Es hilft dem Hund ungemein dabei, Neues zu lernen und Ängste zu überwinden. Bei der Arbeit mit Futter können Sie viel erreichen – achten Sie aber darauf, dass das Füttern schnell weniger wird und der Hund auf Sie und nicht auf das Futter fixiert wird.

Durch das Futterspiel ist der Hund aufmerksamer geworden und hat gelernt, Blickkontakt zu suchen. Übertragen Sie das eingeübte Verhalten – Aufmerksamkeit einfordern, Blickkontakt herstellen – auf die tägliche Arbeit.

KOMMANDOS ERARBEITEN

Beziehen Sie andere Familienmitglieder in ein Futterspiel ein. Verteilen Sie sich in einem Kreis auf dem Boden sitzend, anfangs nah beieinander, später mit immer größeren Abständen. Rufen Sie den Hund abwechselnd – immer mit Namen ansprechen und das Kommando »Komm!« folgen lassen. Lassen Sie dem Hund Zeit zu reagieren – nicht in ein »na komm schon, was ist denn, hier bin ich, na komm« verfallen, sondern ein klares »Komm!« oder »Hier!« – wenn keine Reaktion folgt, erneut den Hund ansprechen und das Kommando wiederholen.

Kommt der Hund, bekommt er – sofort – das Futter. Kommt der Hund nur zögernd, freuen Sie sich besonders über sein Kommen und fordern Sie keine weiteren Kommandos, lassen Sie nicht gleich Sitz oder Platz folgen – es geht erst mal nur ums Kommen. Überlegen Sie sich, ob Ihr Hund Streicheln oder Tätscheln wirklich mag und als Belohnung empfindet – wenn nicht, seien Sie sparsam damit.

Ungestüme Hunde, die Sie vor lauter Freude über den Haufen rennen, müssen auch hier wieder ruhig die Futtergabe abwarten. Kommt der Hund gern und ohne zu zögern, können Sie das Kommen auch verbal loben und das Futter erst für das nächste Kommando Sitz! geben. Bald können Sie mit einem Futterspiel auch Sitz! oder Platz! einüben. Achten Sie darauf, bei jedem Kommando immer zuerst die Aufmerksamkeit Ihres Hundes zu sich zu holen, indem Sie ihn mit Namen ansprechen und Blickkontakt herstellen.

Kurze, klare Kommandos geben. Entscheiden Sie sich für ein Stimmkommando, und behalten Sie dieses Kommando bei.

»ARNOLD, KOMM!«

Durch das Futterspiel ist die Belohnung mit Futter mehr geworden, als einfach irgendwie ein Leckerli rein zu schieben, wenn der Hund etwas richtig gemacht hat. Es ist eine Verbindung zwischen dem Futter und Ihnen entstanden – das Lob kommt viel direkter von Ihnen, der Hund richtet seine Aufmerksamkeit auf Sie und giert nicht nur nach dem nächsten Futterbrocken. Er ist auf Sie fixiert – nicht auf das Futter. Wenn das erreicht ist, können Sie bereits anfangen, das Futterlob wieder langsam zu reduzieren. Fangen Sie an, Futterspiele auch an anderen Orten zu spielen. Der Hund lernt so, überall und auch außerhalb der Wohnung seine Aufmerksamkeit auf Sie zu richten. Mit der Zeit steigern Sie die Ablenkung immer mehr. Auf der Straße, in Anwesenheit anderer Hunde, an Orten, an denen sich Ihr Hund unsicher fühlt – überall dort sollten Sie das Futterspiel üben. Damit können Sie Ihren Hund stressfrei an neue, unbekannte Situationen heranführen.

ÄNGSTE ÜBERWINDEN

Mit dem Futterspiel können sie gezielt daran arbeiten, Ängste zu überwinden. Futter hilft dabei, Situationen positiv zu besetzen. Durch das Futterspiel wird der Hund aufmerksamer auf den Menschen, die Bindung wird stärker und der Hund wird eher bereit sein, dem Menschen auch in gefährlichen Situationen zu vertrauen. Zum Beispiel können Sie Ihren Hund mit dem Futterspiel ans Auto gewöhnen, indem Sie ihn einige Zeit dort füttern. Einen Welpen sollten Sie von vorneherein auf diese Weise behutsam ans Auto gewöhnen. Hat Ihr Hund bereits Angst vor dem Auto, ist er beim Fahren unruhig, jault oder bellt, nähern Sie sich dem Thema Auto einfach noch mal ganz neu an.

Futter gibt es zuerst – wenn vorhanden – in der Transportbox. Diese wandert dann Tag für Tag immer näher ans Auto heran. Ohne Transportbox füttern Sie den Hund täglich ein Stückchen näher beim Auto. Schließlich bekommt der Hund sein Futter täglich (wenn vorhanden, in der Transportbox) im Auto. Lassen Sie anfangs alle Türen offen, wenn der Hund im Auto ist. Wenn er diese Situation schließlich als positiv erfahren hat, wird zum ersten Mal von einem Helfer der Motor gestartet. Schließlich kommen erste kurze Fahrten. Fahren Sie anfangs nur sehr kurze Strecken (wirklich nur Minuten) und lassen Sie dabei den Hund in Ruhe – auch wenn er bellt oder jault. Beruhigen Sie ihn nicht, ignorieren Sie ihn einfach, solange Sie fahren. Ganz langsam können Sie die Fahrten länger werden lassen. Sorgen Sie dafür, dass die Fahrt sich lohnt: am Ziel wird getobt und gespielt.

Aber bitte beim Aussteigen den Hund nicht aus dem Auto stürmen (die Flucht ergreifen) lassen, achten Sie darauf, dass auch diese Situation ruhig und geordnet abläuft. Am einfachsten ist es, den Hund im Auto angeleint zu lassen, so haben Sie ihn auch beim Aussteigen unter Kontrolle.

Ich empfehle immer eine Transportbox im Auto. Das ist nicht nur wesentlich sicherer, sondern auch eine geschützte Umgebung für den Hund. In einer Box ist der Hund nicht so vielen Reizen ausgesetzt. Auch der Mensch kann nicht dauernd auf den Hund einwirken und die eigene Anspannung auf den Hund übertragen. Die meisten Hunde bleiben in einer Box im Auto ruhiger.

Futterspiele helfen auch, einem Hund die Angst vor der Treppe zu nehmen. Stellen Sie den Futternapf auf die unterste Stufe, dann auf die zweite und so weiter. Locken Sie ihn im Futterspiel ein, zwei Stufen hoch und wieder runter. Führen Sie den Hund an der Leine auf der Treppe und lassen Sie ihn dabei auf jeder Stufe, später auf jeder zweiten oder dritten, ein Leckerli finden. Loben und ermuntern Sie den Hund dabei viel, aber bestehen Sie auch darauf, dass er bei Ihnen bleibt und Ihnen folgt. Nach demselben Schema können Sie sich auch

anderen »Gefahrenquellen« nähern. Zum Beispiel: Stellen Sie den Futternapf immer näher an, dann sogar auf den Staubsauger (ohne diesen anzustellen). Spielen Sie ein intensives Futterspiel mit dem Hund, während ein Helfer im selben Raum staubsaugt. Strengen Sie sich an, durch Mimik, Gestik und das Futter interessanter für den Hund zu sein, als der lärmende Staubsauger. Geben Sie einem ängstlichen Hund viel Zeit, sich ganz langsam der »Gefahr« anzunähern, aber unterstützen Sie ihn dabei, seine Ängste zu überwinden. Bei manchen Hunden dauert die Annäherung sehr lange, bei anderen geht es ganz schnell – je nach Veranlagung und Vorerfahrung des Hundes.

Je besser und konsequenter Ihr Umgang mit dem Hund wird, und je stärker die Bindung ist, umso einfacher lassen sich solche Probleme lösen.

Australian Shepherd Lou wollte von Anfang an nicht auf der unangenehm glatten Treppe laufen. Zum Glück gibt es im Haus einen Fahrstuhl, aber was passiert, wenn der mal ausfällt? Mit viel Futterlob und Ermutigung, aber auch der nötigen Entschlossenheit auf der Seite der Menschen hat Lou gelernt, Martina auch auf der Treppe zu folgen. Nach zwei Jahren Fahrstuhlfahren war das innerhalb einer Trainingsstunde erreicht.
Mit der Leine fordert Martina Lou mit einem kurzen Leinensignal zum Weitergehen auf – keinesfalls darf der Hund aber an der Leine die Treppe hinauf- und hinuntergezerrt werden.

Kapitel 5:
Die wichtigsten Kommandos

Hier! oder Komm!

WENN DER HUND ZU IHNEN KOMMEN SOLL, NÜTZT ES NICHTS, AUFGEREGT HINTER IHM HERZULAUFEN, ZU SCHREIEN ODER IN DIE HÄNDE ZU KLATSCHEN. Der Hund wird erst recht davonlaufen. Entweder, weil er dringend weit weg von Ihnen und dem ganzen Theater sein möchte, oder weil er es für ein lustiges Spiel hält. Beides hat den gleichen Effekt.

Stattdessen: Gehen Sie in die Hocke auf Blickhöhe des Hundes. Damit werden Sie für ihn sofort interessanter. Rufen Sie mit freundlicher Stimme seinen Namen und das Kommando »Hier!« oder »Komm!« Denken Sie weniger an einen Befehl als an eine Einladung. Breiten Sie die Arme aus. Lächeln Sie! Halten Sie eine Belohnung bereit: Wenn der Hund kommt – egal wie lange es gedauert hat – bekommt er sofort seine Belohnung. Lassen Sie zu Beginn nicht gleich ein weiteres Kommando (»Sitz!« oder »Platz!«) folgen, sondern belohnen Sie erst einmal nur das Kommen. Freuen Sie sich überschwänglich, spielen Sie mit dem Hund – es muss sich gelohnt haben, zu Ihnen zu kommen!

Üben Sie das Kommando »Hier!« zuerst in der Wohnung, erst mit kleinem Abstand, dann mit immer größerer Entfernung. Das können Sie sehr gut mit der ganzen Familie üben und den Hund abwechselnd rufen. Dabei können Sie die Distanz in der Wohnung oder im Garten immer

DAS KOMMANDO »KOMM!«

weiter vergrößern. Wenn es nicht oder nicht schnell genug klappt, werden Sie nicht ungeduldig und vor allem: Lassen Sie sich keine Ungeduld anmerken.

Ein scharfer Tonfall wird den Hund vertreiben, er wird erst recht nicht kommen wollen. Auf keinen Fall tadeln oder bestrafen Sie den Hund, wenn er nur zögernd gekommen ist. Er wird beim nächsten Mal noch weniger gern zurückkommen.

Bereits in der Wohnung üben Sie das Herkommen auch an der Leine. Ein kurzes Leinensignal fordert den Hund auf, sich aufmerksam nach Ihnen umzusehen. Der Hund muss natürlich auch an der Leine selbstständig kommen und wird nicht herbeigezogen.
Erweitern Sie Ihren Radius immer mehr. Üben Sie im Garten mit und ohne Leine. Benutzen Sie eine Schleppleine, damit der Abstand größer wird. Suchen Sie immer wieder Situationen auf, in denen Ihr Hund besonders abgelenkt ist, und üben Sie das Abrufen an der langen Leine dort. Je größer die Ablenkung, desto überschwänglicher fällt das Lob aus!

DAS LEINENSIGNAL

Es hilft, den Hund beim Üben von Kommandos auch in der Wohnung an die Leine zu nehmen. So bleibt der Hund bei Ihnen, und Sie können mit Hilfe der Leine kommunizieren.

Die Leine soll dabei stets locker durchhängen. Wendet der Hund sich ab und reagiert auch nicht auf das Ansprechen mit seinem Namen, holen Sie sich seine Aufmerksamkeit mit einem Leinensignal zurück. Das ist nicht mehr als ein kurzes, impulsartiges Anziehen der Leine. In etwa vergleichbar damit, einem Menschen auf die Schulter zu tippen, um sich bemerkbar zu machen. Reagiert der Hund nicht auf das Leinensignal, setzen Sie nicht mehr Kraft ein, sondern tippen öfter und schneller hintereinander. Sobald sich der Hund Ihnen zuwendet, hört das Leinensignal auf.

Zum Üben ist ein Halsband am besten geeignet. Mit einem Geschirr wirkt das Leinensignal nur sehr schwammig, dadurch lässt sich der Mensch meist schnell zu zu großem Krafteinsatz verleiten. Feine Kommunikation wird dadurch erschwert.

Der richtige Umgang mit der Leine wird in Kapitel 7 ausführlich beschrieben.

Sitz! und Platz!

Für alle Kommandos gilt: Was Sie dem Hund einmal befohlen haben, müssen Sie auch durchsetzen. Das kann durchaus Zeit und Geduld erfordern, die Sie in diesem Moment auch haben sollten! Geben Sie Kommandos also mit Bedacht.

DER BEGINN JEDER ÜBUNGSEINHEIT:

Rufen Sie den Hund zu sich, stellen Sie Blickkontakt her. Vergewissern Sie sich, dass Sie die Aufmerksamkeit Ihres Hundes haben. Üben Sie die Kommandos (auch in der Wohnung) zunächst an der Leine. Dadurch muss der Hund bei Ihnen bleiben. Ein kurzes Leinensignal hilft, gegebenenfalls die Aufmerksamkeit des Hundes zurückzuholen. Die Leine soll aber nicht dazu dienen, den Hund damit am Hals aus dem Liegen oder Stehen ins Sitzen hoch zu zerren. Der Hund soll ja lernen, selbstständig die gewünschte Position einzunehmen und nicht herumgezogen, gedrückt und geschoben zu werden.

Für das Kommando »Sitz!« stehen Sie aufrecht – Körperspannung! Heben Sie eine Hand (anfangs den ganzen Arm so weit wie möglich). Wenn Ihr Hund bereits gut auf Sie fixiert ist, wird er Sie ansehen. Da er weiß, dass in Ihrer Hand eine Belohnung versteckt ist, wird er der Hand nachsehen. Dabei geht das Hinterteil automatisch nach unten. Wenn Sie einen

Schritt auf den Hund zumachen, wird die Wirkung verstärkt.

Um etwas nachzuhelfen, können Sie die Hand mit dem Leckerli über den Kopf des Hundes in Richtung Nacken führen. Ihre Körperhaltung bleibt dabei aufrecht, beugen Sie sich nicht über den Hund.

Vermeiden Sie es, die Hand hoch zu reißen, um das Futter außer Reichweite zu bringen – das animiert den Hund zum Hochspringen. Wenn der Hund zu unruhig wird, wenden Sie sich einfach von ihm ab und ignorieren ihn, bis er sich wieder beruhigt hat.

Sobald der Hund sich setzt, bekommt er seine Belohnung. Füttern Sie die Belohnung von oben, bücken Sie sich dabei aber nicht selbst nach unten, beugen Sie sich auch jetzt nicht über den Hund. Bleiben Sie aufrecht und halten Sie Ihre Körperspannung, so signalisieren Sie dem Hund, dass auch er die aufrechte Sitzhaltung beibehalten soll. Anfangs bekommt der Hund die Belohnung sofort. Wenn er verstanden hat, was »Sitz!« bedeutet, verlängern Sie die Zeitspanne bis zur Belohnung, damit der Hund länger sitzen bleibt.

Damit der Hund versteht, dass er einige Zeit im »Sitz!« oder »Platz!« bleiben soll, lassen Sie ihn das Futter langsam aus der Hand knabbern. Steht er dabei auf, verschwindet das Futter natürlich und es kommt erneut das Kommando »Sitz!« oder »Platz!«.

Vizslahündin Gila fällt es noch schwer, sich zu konzentrieren. Durch die Leine muss sie sich mit mir auseinandersetzen. Die Leine bildet eine Begrenzung und hindert den Hund am Weglaufen, hängt dabei aber locker durch. Das Kommando »Sitz!« wird durch die Körpersprache vermittelt, nicht durch Hochzerren des Hundes. Die Hand als »Stoppschild« sorgt dafür, dass Gila nicht sofort wieder aufsteht und vor allem nicht an mir hochspringt.

Daja lernt das Kommando »Sitz!«. Zuerst holt sich Sandra Dajas Aufmerksamkeit (Blickkontakt!) und zeigt ihr dann mit dem Leckerli in der Hand, was sie tun soll.

Bei »Platz!« geht die Körperhaltung, der Blick und die Hand des Menschen nach unten.

Jedes Kommando, das Sie geben, müssen Sie auch nacharbeiten. Steht der Hund auf, muss er wieder zum Sitzen aufgefordert werden, solange, bis er mit einem »und ab!« entlassen wird (siehe unten). Vergessen Sie also nicht, Ihr Kommando rechtzeitig wieder aufzuheben.

Das Kommando »Platz!« müssen Sie vom Kommando »Sitz!« deutlich trennen. Bei »Platz!« soll sich der Hund hinlegen. Gehen Sie in die Hocke, lenken Sie so die Aufmerksamkeit des Hundes nach unten. Die Hand (mit der Belohnung) geht zum Boden und lockt auf diese Art den Hund behutsam in eine liegende Position. Bewegen Sie die Hand auf dem Boden dabei aber nicht schnell hin und her, denn das ist kein Beutespiel! Solange der Hund sprungbereit die Hand mit der Belohnung belauert, wird er sich nicht hinlegen.

Der Hund wird Ihrer Hand mit der Schnauze folgen. Damit er versteht, dass er auch das Hinterteil herunternehmen und sich ganz hinlegen soll, hilft es, ihn mit der Belohnung unter Ihrem gebeugten Knie hindurch zu locken (siehe Abbildung oben rechts). Sobald sich der Hund hinlegt, öffnet sich die Hand, und er bekommt seine Belohnung. Wenn der Hund seine Zähne einsetzt, um an die Belohnung zu kommen, sagen

Arnold lernt, im »Platz!« zu bleiben – solange er liegen bleibt, darf er das Leckerli aus der Hand nagen.

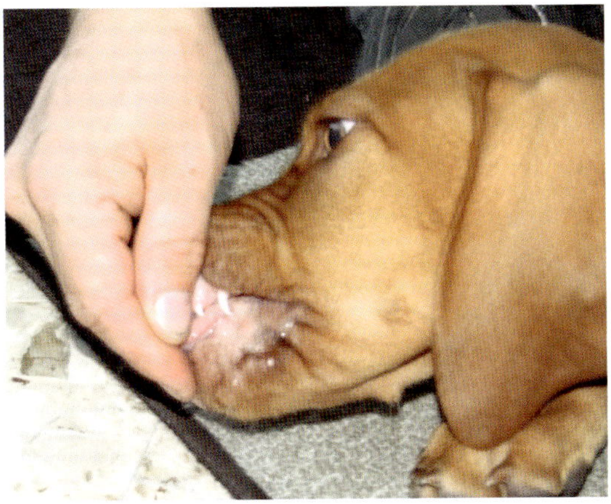

Sie »Nein!« und nehmen die Hand weg. Achten Sie dabei besonders auf ruhige Bewegungen. Fangen Sie einfach wieder von vorne an.

Wichtig ist das Lob im richtigen Moment. Wenn Sie den Hund für das Hinlegen sofort loben, wird er den Zusammenhang verstehen. Achten Sie genau darauf, die Belohnung so zu reichen, dass der Hund sie in der liegenden Haltung erreichen kann – sonst belohnen Sie das unerwünschte Aufspringen, nicht das Liegenbleiben. Nur durch korrektes Loben kann der Hund Kommandos auch korrekt lernen.
Hat der Hund das Kommando »Platz!« verstanden, üben Sie, Ihre körpersprachlichen Kommandos schrittweise zu verfeinern. Ersetzen Sie das Locken der Hand am Boden nach und nach durch ein nach unten weisendes Signal. Schon bald genügt es, nur den Blick und die Körperhaltung nach unten zu richten und den Arm zu senken.

Sobald der Hund »Sitz!« und »Platz!« verstanden hat, können Sie anfangen, zu variieren. Um das Kommando einzuüben, standen Sie zunächst frontal vor dem Hund. Üben Sie nun, das Kommando zu geben, wenn sich der Hund neben Ihnen befindet. Wenn Sie mit dem Hund an der Leine laufen, soll er ja gelernt haben, neben Ihnen und nicht nur vor Ihnen zu sitzen oder sich abzulegen. Wieder deuten Sie dem Hund durch Handzeichen, wo er hin soll und ziehen ihn nicht einfach mit der Leine an die gewünschte Stelle. Durch die bisherige Arbeit sollte die Aufmerksamkeit des Hundes bereits so stark auf Sie gerichtet sein, dass der Hund gut auf körpersprachliche Signale reagiert.

Hilfestellung: Führen Sie die Hand mit dem Futter unter Ihrem gebeugten Knie hindurch, und geben Sie dazu das Kommando »Platz!«. Beschäftigen Sie den Hund in dieser Position einen Moment mit einem Leckerli, bevor er mit einem »Und ab!« entlassen wird. Wichtig: Der Hund soll von sich aus in die liegende Position kommen, das Knie bleibt locker und drückt nicht den Hund nach unten.

Damit Kommunikation durch Körpersprache funktioniert, brauchen Sie die volle Aufmerksamkeit Ihres Hundes. Er muss Sie genau beobachten, auf Sie fixiert sein und gespannt beobachten, was Sie tun und was Sie wohl von ihm wollen. Und er muss bereit sein, zu tun, was Sie von ihm erwarten: Das heißt, die Bindung zwischen Ihnen und dem Hund muss stimmen.

Vergrößern Sie den Abstand immer mehr – mit Handzeichen und Körpersprache können Sie auch über größere Distanz mit Ihrem Hund kommunizieren.

Michael gibt seinem Aragorn die Belohnung mit links. Der Hund ist durch die Arbeit schon sehr aufmerksam und folgt Handzeichen zuverlässig.

Reduzieren Sie mit der Zeit das Futterlob, geben Sie nicht mehr jedes Mal eine Belohnung, sondern loben Sie stattdessen verbal. Reduzieren Sie auch die körpersprachlichen Signale nach und nach. Statt den ganzen Arm zu heben oder mit der Hand bis auf den Boden zu gehen, können Sie immer kleinere Signale geben, bis hin zu einem Fingerzeig. Für »Sitz« genügt bald ein Aufrichten des Körpers und ein Schritt auf den Hund zu, für Platz ein Schritt zurück und das Senken des Blicks.

Üben Sie die Kommandos auch aus der Distanz. Erst befinden Sie sich nur einen Schritt vom Hund entfernt, dann vergrößern Sie den Abstand. Versuchen Sie, den Hund ins Sitz oder Platz zu bringen, während Sie selbst auf dem Boden sitzen oder sogar liegen. Unterbrechen Sie Spaziergänge mit kurzen Übungseinheiten. Üben Sie häufig unter Ablenkung, lassen Sie den Hund in vielen verschiedenen Situationen sitzen oder sich ablegen.

WO IST DIE BELOHNUNG?

Egal ob Sie den Hund mit Futter oder mit Spielzeug loben: Beides dient dazu, ihn auf Sie aufmerksam zu machen. Die Belohnung wird also zunächst immer auf der Blickachse zwischen Ihnen und dem Hund geführt. Achten Sie darauf, das Leckerli oder Spielzeug aus der Körpermitte heraus zu geben, um immer wieder Blickkontakt herzustellen, und machen Sie sich durch eine ausdrucksvolle Mimik interessant.

Die Belohnung befindet sich in der Hand, die das Kommando gibt. Dieser Hand wird der Hund mit seinem Blick und damit auch mit seiner Körperhaltung folgen. Hat er Ihr Kommando ausgeführt, bekommt er das Leckerli oder Spielzeug aus Ihrer Körpermitte heraus – die Hand mit der Belohnung bewegt sich auf der Linie Kinn – Hundeschnauze.

Sobald der Hund aufmerksam ist, können Sie nun das Kommando auch mit der leeren Hand geben. Erst, wenn der Befehl ausgeführt wurde, wechselt die Belohnung aus Ihrer anderen Hand in die Kommandohand und von dort – aus der Körpermitte geführt – an den Hund. Während die rechte Hand den Befehl »Sitz!« anzeigt, befindet sich also die Belohnung, Futter oder Spielzeug, in der linken. Sitzt der Hund, wandert die Belohnung von der linken in die rechte Hand, die dem Hund die Belohnung reicht. Der Hund hat nun also bereits gelernt, auf die leere rechte Hand zu achten und deren Zeichen zu folgen.

Jetzt können Sie dazu übergehen, die Belohnung der Einfachheit halber gleich aus der linken Hand zu geben.

Wenn das dazu führt, dass Sie die Aufmerksamkeit des Hundes verlieren und der Hund nun auf die linke Hand starrt, müssen Sie wieder einen Lernschritt zurückgehen, die Belohnung wieder in der Kommando-Hand verstecken und dafür sorgen, dass sich die Aufmerksamkeit des Hundes vom Leckerli auf Sie überträgt. Generell sollte man auch den Hund, der bereits viel kann, immer wieder mal auf sich fixieren, indem man die Belohnung auf der Blickachse, aus der Körpermitte heraus gibt. So bleibt die Aufmerksamkeit erhalten.

Und ab!

JEDEN BEFEHL, DEN SIE ERTEILEN, MÜSSEN SIE AUCH WIEDER AUFHEBEN. Tun Sie das nicht, wird es irgendwann der Hund tun. Vor allem, wenn eine Übung noch nicht gut sitzt, ist es wichtig, dem Hund dabei zuvorzukommen.

Ein Befehl wird entweder durch einen neuen Befehl aufgehoben (»Sitz!« wird z. B. durch »Platz!« aufgehoben oder umgekehrt), oder durch das Beenden der Übungseinheit. Dafür sollten Sie ein eigenes Kommando einführen, zum Beispiel »lauf!« oder »und ab!«.
Dabei kennzeichnen Sie das Ende der Arbeit und das Aufheben eines Befehls zusätzlich durch Ihre Körpersprache. Solange Sie etwas von Ihrem Hund wollen, zeigen Sie das durch Ihre Körperspannung und die auf den Hund gerichtete Aufmerksamkeit. Wenn Sie den Hund entlassen, verringern Sie die Körperspannung und wenden sich vom Hund ab. Auch die Stimmlage ist nicht auffordernd, sondern neutral. Sie sollen den Hund nicht anfeuern oder zum Laufen ermuntern, sondern zum Ausdruck bringen: Ob er nun sitzen bleibt oder losläuft ist seine Sache.

Bleib!

IM ALLTAG IST ES EINE GROSSE HILFE, WENN DER HUND GELERNT HAT, IM »PLATZ!« ODER »SITZ!« ZU BLEIBEN, WENN SIE SICH VON IHM ENTFERNEN. Geübt wird das Kommando »Bleib!« unter kontrollierten Bedingungen zuhause, später soll der Hund aber auch lernen, kurze Zeitspannen draußen ruhig auf Sie zu warten. Selbst wenn Sie Ihren Hund vor dem Supermarkt immer anbinden, damit er nicht wegläuft, während Sie einkaufen, sollte er gelernt haben, mit einer solchen Situation umzugehen. Wenn Sie das »Bleib!« gut erarbeitet haben, weiß der Hund genau, was von ihm erwartet wird und dass er damit rechnen kann, dass Sie demnächst wiederkommen.

Das Kommando »Bleib!« ist allerdings für den Hund schwer zu verstehen und zu erlernen. Schließlich widerspricht es dem, was er bisher gelernt hat!

Sie haben den Hund im Futterspiel und beim Üben von »Sitz!« und »Platz!« stets dazu aufgefordert, Sie zu fixieren, genau darauf zu achten, was Sie tun und Ihnen zu folgen – das Kommando »Bleib!« widerspricht nun all dem.
Je ängstlicher der Hund, umso schwerer wird ihm das Bleiben fallen, umso stärker muss er sich überwinden. Das Gleiche gilt für Hunde, die in ihrem Menschen nicht den souveränen Chef sehen. Sie halten es für ihre Aufgabe, den Men-

schen unter Kontrolle zu halten und wollen ihn deshalb nicht gern aus ihrer Reichweite lassen. Das Kommando »Bleib!« wird also (erst dann) besser funktionieren, wenn die Grundlagen einer positiven Bindung geschaffen sind.

Trotz aller Schwierigkeiten: Auf das Kommando »Bleib!« verzichten sollten Sie nicht. Damit das Zusammenleben klappt, muss der Hund lernen, Trennungen zu tolerieren und die Erfahrung machen, dass sie keine Bedrohung darstellen.

Ein gewisses Maß an Geduld und Selbstbeherrschung braucht jeder Hund, der sich in der Menschenwelt wohl fühlen soll. Es ist die Aufgabe des Hundehalters, seinem Hund diese Fähigkeiten zu vermitteln.

Verlangen Sie nicht zu viel und gehen Sie in kleinen Schritten vor. Und vor allem gilt hier noch stärker als beim Einüben anderer Kommandos: Emotionen wie Ungeduld, Wut und Enttäuschung, wenn etwas nicht klappt, sind absolut fehl am Platz und verunsichern den Hund noch mehr. Schimpfen oder gar strafen Sie nicht, wenn der Hund das Kommando noch nicht umsetzen kann, sondern zerlegen Sie die Aufgabe in so kleine Schritte, dass Sie einen Erfolg verbuchen können – und wenn es nur wenige Sekunden sind. Üben Sie das Kommando »Bleib!« ruhig oft, aber immer nur in kurzen Trainingseinheiten von wenigen Minuten.

Das erste große Ziel ist: Der Hund soll für dreißig Sekunden liegen oder sitzen bleiben, während Sie sich außer Sicht befinden.

Es ist sinnvoll, zuerst das Kommando aus dem »Platz!« heraus zu erarbeiten. Im Liegen ist der Hund eher in einer entspannten Ruhelage und neigt viel weniger dazu, sofort aufzuspringen und loszulaufen, als aus dem Sitzen.

Zuerst legen oder setzen Sie den Hund ab. Sie sind bereits so weit, dass der Hund sicher das Kommando »Platz!« bzw. »Sitz!« befolgt und bei Ihnen bleibt. Nun folgt das Kommando »Bleib!« Der vorgestreckte Handteller sagt dem Hund wieder »Stopp!«, wie ein Stoppschild. Ihr Blick und Ihre Aufmerksamkeit aber gehen weg vom Hund, Sie schauen ihn nicht direkt an. So-

Am Anfang muss die Körpersprache so deutlich sein, wie möglich.

lange der Hund sich von Ihnen beobachtet fühlt, ist er »auf dem Sprung«, lauert darauf, was als Nächstes kommt. Nun aber soll er sich entspannen. Es passiert nichts, bis Sie wiederkommen. Jetzt entfernen Sie sich nicht gleich, sondern bewegen sich nur etwas. Sie sollten sich nur so viel bewegen, wie der Hund die Bewegung aushält, ohne unruhig zu werden. Das ist zuerst unter Umständen nicht mehr als ein Wippen von einem Fuß auf den anderen. Stellen Sie sich vor, Sie tanzen vor dem Hund. Schon dieser erste Schritt kann einige Trainingseinheiten in Anspruch nehmen.

Dann – wenn das sicher klappt – folgt ein Schritt rückwärts vom Hund weg und wieder auf ihn zu, aber noch immer dem Hund zugewandt.

Dabei weiterhin das Kommando »Bleib« mit dem erhobenen Handteller – Stoppschild – anzeigen, aber noch immer keinen direkten Blickkontakt aufnehmen. Blickkontakt versteht der Hund als Aufforderung, zu Ihnen zu kommen. Soll der Hund also bleiben, wo er ist, vermeiden Sie den Blickkontakt und schauen knapp über den Hund hinweg oder seitlich an ihm vorbei. So können Sie trotzdem sehen, was Ihr Hund tut.

Beim Kommando »Bleib!« kommt es darauf an, genau auf scheinbare Kleinigkeiten zu achten. Wann wird der Hund unruhig? Wenn der Hund schon den dritten Schritt weg von ihm kaum aushält und unruhig wird, »auf dem Sprung« erscheint, dann ist es zu früh für den vierten Schritt.

Wenn Sie zu weit gegangen sind und der Hund aufsteht, gehen Sie einfach zurück und fangen von vorne an. Versuchen Sie nicht, ihn aus der Distanz wieder abzulegen, sondern ignorieren Sie den Fehler und fordern beim nächsten Versuch etwas weniger. Erst später, wenn das Kommando bereits gut eingeübt ist, können Sie anfangen, die Befehle für »Platz!« und »Bleib!« von weiter weg zu geben. »Platz!« aus der Distanz sollte der Hund dann aber bereits sicher beherrschen. Ziel ist es, die Übung langsam auszuweiten, aber immer nur so weit zu gehen, wie der Hund es aushält. Üben Sie

Arnold hat bereits gelernt, sitzen zu bleiben, während sich Beate einige Meter entfernt und wieder zurückkommt. Es ist sinnvoll, »Bleib!« schon im Welpenalter zu üben. Um den jungen Hund nicht zu überfordern, entfernt sich Beate aber noch nicht weit und nie aus Arnolds Blickfeld.

häufig, aber immer nur kurz. Machen Sie die Übung zu einem Teil Ihres Alltags.

Eine weitere große Schwierigkeit beim Erlernen des Kommandos »Bleib!« besteht darin, dass Sie das Kommando nicht so klar beloben und positiv verstärken können, wie andere Kommandos. Ziel der Übung »Bleib!« ist es ja, zu erreichen, dass der Hund es aushält, wenn Sie sich entfernen und ruhig bleibt.

Jedes »Tamtam« bei der Rückkehr ist dabei kontraproduktiv und macht den Hund unruhig. Wenn Sie den Hund aus der Entfernung loben, wird er das wahrscheinlich als das Ende der Übung und Aufforderung zum Kommen betrachten und freudig zu Ihnen laufen. Also einfach wieder ruhig und unaufgeregt zum Hund zurückkommen, einen neuen Befehl (»Sitz!«) geben und diesen dann beloben.

Lösen Sie den Befehl »Bleib!« immer auf, indem Sie wieder zum Hund zurückgehen und ihn dann erst daraus entlassen. Das erfolgt entweder durch ein neues Kommando oder durch das gewohnte »und ab!« oder »lauf!«. Rufen Sie den Hund nicht aus der Entfernung ab!

Die Erwartung, gleich doch noch aufgefordert zu werden, hinterher zu kommen, versetzt den Hund in größte Aufregung, bis er die Spannung schier nicht mehr aushält. Er wird Sie gespannt beobachten und geradezu darauf lauern, abgerufen zu werden. Kleinste ungewollte Signale, schon einen kurzen Blick, wird der Hund als Aufforderung zum Kommen interpretieren, und schon ist er aufgesprungen und losgerannt – ein Fehler, der schwierig zu korrigieren ist. Der Hund hat es schwer zu verstehen, was von ihm erwartet wird. Bald wird schon der Befehl zu bleiben, den Hund in Aufregung versetzen. Das ist aber genau das Gegenteil von dem, was wir erreichen wollen. Der Hund soll lernen: Wenn der Befehl »Bleib!« kommt, passiert überhaupt nichts Aufregendes mehr, bis Sie wiederkommen. Er wird nichts verpassen und kann sich getrost entspannen. Wenn Sie sich bereits einige Schritte weit rückwärts entfernen können, ohne dass der Hund Ihnen folgt, drehen Sie ihm für einige Momente den Rücken zu, gehen ans andere Ende des Zimmers und kommen wieder zurück. Als Nächstes entfernen Sie sich ganz aus dem Blickfeld, aber am Anfang nur für einen kurzen Moment.

DAS KOMMANDO »AUS!«

»Aus!« muss sich für den Hund lohnen.

Verschwinden Sie für einen Augenblick hinter der Tür, so dass Sie den Hund noch sehen und rechtzeitig zurückkommen können, um den Befehl aufzuheben, bevor der Hund unruhig wird und selbstständig aufsteht. Steigern Sie die Zeit außerhalb der Sichtweite des Hundes auf zehn Sekunden, wenn das zuverlässig klappt, auf eine halbe Minute.

Bei dieser Übung hängt der Erfolg ganz wesentlich davon ab, dass man nicht zu viel auf einmal verlangt. Denken Sie daran, dass für den Hund das Kommando »Bleib!« abstrakt und schwierig ist und in Gegensatz zu seinem normalen Verhalten und Erlerntem steht. Es verlangt ihm viel Selbstsicherheit und Selbstbeherrschung ab. Beides muss er erst erweben. Die Arbeit in kleinen, aber konsequenten Schritten hilft dem Hund dabei und macht andere Aufgaben später leichter.

UND VERGESSEN SIE NICHT, DEN BEFEHL »BLEIB!« WIEDER AUFZUHEBEN.

Es ist entscheidend, dass Sie den Hund mit einem »und ab!« oder »lauf!« entlassen oder einen neuen Befehl geben. Der Hund soll nicht selbstständig aufstehen, sobald Sie zurückkommen, sondern auf Ihre nächste Aktion warten.

Wenn Sie den Hund in sein Körbchen schicken, ihn zum »Bleib!« auffordern und dann vergessen, wird jeder Hund irgendwann selbst entscheiden, dass es jetzt genug ist (schließlich ist ein Hund kein Roboter). Es hat daher wenig Sinn, »Bleib!« zu sagen und dann die Wohnung zu verlassen – der Hund wird Ihren Befehl irgendwann selbst aufheben, ohne dass Sie ihn korrigieren können. Solche Situationen sollten Sie lieber von vornherein vermeiden.

Aus!

DER BEFEHL, HERZUGEBEN ODER FALLEN ZU LASSEN, WAS DER HUND IN DER SCHNAUZE HAT. Das Kommando »Aus!« wird sehr häufig in allen Lebenslagen im Sinne von »Nein!« verwendet. Um den Hund nicht zu verwirren, ist es in diesem Fall sinnvoll, ein eigenes Stimmkommando für das Hergeben von Gegenständen einzuführen, z.B. »Gib her!«

»Aus!« ist anfangs einfach ein kleines Tauschgeschäft. Geben Sie Ihrem Hund ein Spielzeug und spielen Sie ein bisschen mit ihm. Hören Sie auf zu spielen, halten Sie das Spielzeug ruhig, damit der Hund lockerlässt – nicht ziehen, Zug erzeugt Gegenzug und der Hund beißt fester zu. Sagen Sie »Aus!« oder »Gib!«, während Sie Ihrem Hund einen Leckerbissen hinhalten, den er im Tausch für das Spielzeug bekommt – es sollte etwas besonders Gutes sein. Das Hergeben des Spielzeugs soll der Hund so positiv wie möglich erleben. Er wird das Kommando »Aus!« schon bald mit dem Loslassen des Spielzeugs verbinden.

Im nächsten Schritt geben Sie dem Hund statt des Futters nach einem Moment das Spielzeug wieder zurück und spielen kurz. Dann kommt wieder das Kommando »Aus!« und so weiter. Der Hund lernt: »Aus!« muss nichts Negatives bedeuten – er bekommt das Spielzeug gleich wieder.

So können Sie auch einüben, dem Hund draußen irgendwelche »Fundsachen« abzunehmen. Bieten Sie ihm stattdessen sein Spielzeug an und spielen Sie eine Runde. Sie müssen das Kommando »Aus!« sehr positiv besetzen, schließlich braucht der Hund einen starken Anreiz dafür, seine »Beute« aufzugeben.

Das Handzeichen »Stoppschild« unterstützt das verbale Kommando »Aus!«

Kapitel 6:
Der Hund in der Wohnung

DIE WOHNUNG IST DIE VERTRAUTE UMGEBUNG, IN DER DER HUND SICH SICHER FÜHLEN KANN. DESHALB IST ES FÜR DEN HUND WICHTIG, DORT ALLES ZU LERNEN, WAS ER SPÄTER AUCH IN DER »AUSSENWELT« KÖNNEN SOLL. In der geschützten Umgebung erlernt er alle Kommandos und das sichere Laufen an der Leine – nicht erst draußen, wo ihm (und auch uns selbst!) viele Ablenkungen und Reize das Lernen erschweren. Was der Hund in der Wohnung nicht kann, wird er draußen ganz sicher nicht können! Es ist also wesentlich, in der Wohnung genauso viel Aufmerksamkeit und Gehorsam von Ihrem Hund einzufordern, wie auf der Straße. Erziehung darf nicht an der Haustür enden.

In der Wohnung hat es keine gefährlichen Folgen, wenn etwas nicht klappt, und wir können gelassen und entspannt weiter üben. Draußen ist das etwas ganz anderes – dort kann es unangenehm oder sogar gefährlich werden, wenn der Hund nicht hört, und jeder kennt die Situation: Wenn etwas mal überhaupt nicht klappt, hat man meist auch noch Publikum. Alles, wirklich alles, was Sie von Ihrem Hund erwarten, muss er zuerst zuhause gelernt haben. Was dort gelingt, kann man dann nach draußen übertragen.

Viele meiner Kunden finden es merkwürdig, den Hund in der Wohnung an die Leine zu nehmen. Ich vergleiche die Situation dann immer mit der eines kleinen Kindes in einem Restaurant: Wer würde erwarten, dass das Kind ordentlich mit Messer und Gabel umgeht, wenn es das nicht zuhause gelernt hat?

In der gemeinsamen Wohnung werden die Regeln des Zusammenlebens festgelegt. Ein Hund, der hier keinen Respekt vor seinem menschlichen Sozialpartner zeigt, wird das draußen erst recht nicht tun.

Respekt hat auch damit zu tun, wer sich wie in der Wohnung bewegen darf. Die Wohnung wird von Hund und Mensch zwar gemeinsam bewohnt – trotzdem hat der Mensch als der Ranghöhere mehr Rechte an und in diesem gemeinsamen Raum. Der Mensch darf mehr Raum beanspruchen als der Hund, er weist dem Hund seinen Platz zu und hat das Privileg, die besten Plätze für sich zu reservieren.

Die Wohnung sollte für den Hund ein Ort der Ruhe und Entspannung sein. Wildes Toben und Spielen gehören nach draußen!

DER RICHTIGE PLATZ

Der Hund braucht einen Platz, den er als seinen Platz anerkennt. Am besten ist ein einziger klar definierter Platz. Eine zweite nächtliche Schlafgelegenheit in der Nähe des Menschen ist in Ordnung. Mehr sollten es aber nicht sein – kein Deckchen hier und Körbchen da.
Für den Hund ist der Platz ein Ort der Entspannung und Ruhe. Dort kann er sich sicher fühlen.

Alle Familienmitglieder, auch die Kinder, müssen den Platz respektieren und den Hund dort in Ruhe lassen!

Dem Hund seinen Platz zuzuweisen, ist für den Menschen eine Grundübung in Konsequenz und Eindeutigkeit gegenüber dem Hund. Wenn der Hund genau weiß, wo sein Rückzugsort ist, dann ist ein entscheidender Schritt hin zu klaren Verhältnissen gemacht. Dann wird es sehr viel einfacher, dem Hund auch im übertragenen Sinne zu zeigen, wo sein Platz ist. Wer aber nicht in der Lage dazu ist, sich in diesem Punkt

Australian Shepherd Lou hatte zwar gelernt, auf seinen Platz zu gehen, aber er entspannte sich dort nicht, stand immer wieder auf und musste zurückgeschickt werden. Auch eine alternativ angebotene Transportbox nahm er nicht an.

Die Lösung des Problems war schließlich das weich ausgepolsterte Unterteil der Transportbox. Zum ersten Mal ging Lou gerne und von sich aus auf seinen Platz und blieb auch dort. Das flache Kissen vorher hatte ihm nicht genug Sicherheit geboten, um sich zu entspannen. Es lohnt sich, auf solche Details zu achten!

dem Hund gegenüber durchzusetzen, wird es auch mit allem anderen schwer haben.

Den Hund auf seinen Platz zu schicken und ihn von anderen Plätzen, die er vermutlich bereits zu beanspruchen gelernt hat, wieder zu vertreiben, ist deshalb keine Schikane. Es bedeutet ja auch nicht, dass der Hund nie wieder seine Lieblingsplätze aufsuchen darf. Er sollte nur verstanden haben, dass die freie Platzwahl nicht sein angestammtes Recht und Privileg ist, sondern dem Oberhaupt des Familienverbandes zusteht. Und wie wir am Beispiel von Boomer gesehen haben, ist es für den Hund durchaus eine Erleichterung, mit den Privilegien des Familienoberhaupts auch dessen Verantwortung abgeben zu können.

Wie und wo sollte der Platz sein? Korb oder Box? Beobachten Sie Ihren Hund. Verkriecht er sich gerne unter dem Sofa – oder liegt er lieber im Offenen, wo er alles sehen kann? Wenn Sie einen »Höhlenhund« haben, können Sie ihm eine geräumige Transportbox anbieten.

Der Platz sollte auf jeden Fall mehr sein als eine Decke in einer Ecke – eine Box, ein Korb oder auch ein dickes Kissen mit einem Rand definieren (für Hund und Mensch) ein klares Drinnen oder Draußen. Der Hund muss sich nicht immer in direkter Nähe des Menschen aufhalten, um sich wohl zu fühlen. Der Platz sollte sich etwas abseits befinden – auf keinen Fall mitten im Geschehen, unter dem Esstisch, vor (oder auf) dem Sofa oder mitten im Zimmer. Diese Plätze suchen viele Hunde zwar von sich aus auf, aber nicht, weil Sie sich dort entspannen können. Solche strategischen Positionen ermöglichen es dem Hund, den Überblick und damit auch die Kontrolle über den Familienverband zu behalten. Damit befindet sich der Hund aber in einer Position, die ihm nicht zusteht und die ihn außerdem überfordert.

Der Platz sollte für den Hund bequem sein, er sollte sich darin wohl fühlen und genug Raum haben, um sich auszustrecken. Spielsachen und Kuscheltiere haben im Korb nichts zu suchen!

Ungünstig ist auch ein Platz, wo ständiger Durchgangsverkehr herrscht, oder ein Platz nahe bei der Haus- oder Wohnungstür. Der Hund sollte sich nicht in der Rolle des Bewachers sehen, der jeden Eindringling zuerst bemerkt.

Das kann schnell zu übertriebener Wachsamkeit führen – manche Hunde bellen dann schon, wenn draußen nur jemand vorbeigeht.

Sehr viele Hunde, zu denen ich gerufen werde, haben zwar ein Körbchen, benutzen es aber nicht oder nur selten.

Alle Hunde haben aber ihre Lieblingsplätze. Sehr häufig ist das das Sofa. Das Sofa ist der Ort, auf dem andere Familienmitglieder gerne Platz nehmen – das macht das Sofa für den Hund besonders interessant.

Ich habe grundsätzlich nichts gegen Hunde auf dem Sofa – aber der Hund sollte nicht der Überzeugung sein, dass das Sofa oder auch das Bett sein Platz ist. Wenn Sie als Besitzer gerne den Hund bei sich auf dem Sofa haben möchten, können Sie ihn natürlich auffordern, hochzuspringen. Sie sollten aber in der Lage sein, Ihren Hund ohne Probleme und ohne Diskussion wieder runter zu befördern. Sind Sie das nicht, sind Sie in den Augen Ihres Hundes auch sicher nicht Chef des Familienverbandes und er wird Sie auch in anderen – brenzligeren – Situationen nicht für voll nehmen. In diesem Fall muss der Hund seinen Platz auf dem Sofa erst mal räumen und ab sofort konsequent jedes Mal herunterbefördert werden.

Wenn Sie mehrere Hunde haben, bekommt jeder Hund seinen eigenen Korb. Die Plätze müssen auch nicht nebeneinander liegen. Finden Sie heraus, wie und wo sich Ihre Hunde am wohlsten fühlen.

Das Gleiche gilt für die anderen »strategischen« Positionen im Haus. Hunde, die den Mittelpunkt suchen – mitten im Wohnzimmer, im Flur, unter dem Tisch, genau vor der Haustür – kontrollieren den Rest der Familie und das Kommen und Gehen in der Wohnung. Sie wollen immer alles im Blick haben und sind ständig auf der Hut. Doch das ist nicht ihre Aufgabe. Es sollte nicht die Aufgabe des Hundes sein, die Familienmitglieder zu bewachen und zu beschützen. Wenn der Hund also von sich aus solche Plätze aufsucht, aus denen heraus er als Wächter und Hüter der Familie agiert, sollte man das unterbinden.

Es muss klar sein, wer wem aus dem Weg zu gehen hat. Wenn der Hund mitten im Weg liegt, muss er aufstehen und Platz machen, wenn jemand vorbei möchte. Der Hund muss reagieren und dem Menschen aus dem Weg gehen – nicht umgekehrt. Und zwar ohne Aufforderung. Sie gehen einfach mit allergrößter Selbstverständlichkeit da lang, wo Sie wollen.

Wenn Ihr Hund mitten im Weg liegt, ignorieren Sie ihn einfach, laufen Sie »durch ihn hindurch«. Es ist seine Sache, schnell genug aufzustehen!

Mit einem selbstsicheren Auftreten beeindrucken Sie Ihren Hund weitaus mehr als mit ständiger Beachtung und dauernden Korrekturen.

Ist der richtige Platz gefunden, kommt der nächste Schritt: Der Hund soll seinen Platz akzeptieren.

Der Platz muss also für den Hund eindeutig positiv besetzt sein. Viele Hunde haben ihr Körbchen aber nicht als angenehmen Aufenthaltsort, sondern als Strafe kennen gelernt: »Geh in deinen Korb!« was so viel bedeutet wie »Geh mir aus den Augen!«.

Jetzt soll der Hund lernen, dass der Platz für ihn ein positiver, angenehmer Ort ist. Auch dabei hilft Futter. Um dem Hund seinen Platz »schmackhaft« zu machen, bekommt er im Körbchen oder in der Box sein Futter serviert – für etwa zwei Wochen.

Verstecken Sie hin und wieder – unbemerkt von Ihrem Hund – ein Leckerli im Korb. Streicheln Sie den Hund ausgiebig im Korb (vorausgesetzt, Ihr Hund genießt das Streicheln), oder spielen Sie dort ein Futterspiel mit ihm.

Chap, eine Fallgeschichte

COLLIE CHAP – MITTEN IM WOHNZIMMER.

EGAL, WEGEN WELCHEM PROBLEM ICH ANGERUFENWERDE – ICH SEHE MIR IMMER DIE WOHNSITUATION AN UND STELLE JEDES MAL DIE FRAGE: WO HAT DER HUND SEINEN PLATZ? So auch im Fall von Collie Chap. Der neunjährige Rüde machte laut seinen Besitzern keinerlei Probleme – außer, dass er völlig ausrastete, sobald er anderen Rüden begegnete. Zuhause dagegen war er, so beschrieb es die Familie, umgänglich und unkompliziert.

Chap hatte bereits einen festen Platz. Eine Decke, mitten im Wohnzimmer. Eine Position, von der aus er alle Familienmitglieder genau im Blick hatte – und unter Kontrolle.

Im Gespräch stellte sich heraus, wie es zu dieser Konstellation gekommen war. Chap hatte schon bald nachdem er, bereits als erwachsener Hund, in die Familie gekommen war, die Gewohnheit entwickelt, sich zu den Füßen der Familienmitglieder breit zu machen – genauer gesagt regelrecht auf den Füßen. Wenn Herrchen und Frauchen abends auf dem Sofa saßen, platzierte er sich immer direkt davor und legte meist den Kopf auf die Füße. Die Familie empfand das bald als unangenehm, vor allem als Chap anfing, jede Bewegung mit Knurren oder sogar Zwicken zu quittieren.

Chaps Besitzer wiesen ihm daraufhin einen anderen Platz zu. Der einzige Platz aber, an dem Chap auch blieb, war seine Decke mitten im Wohnzimmer, genau im Mittelpunkt der Sitzgruppe. Dort blieb er liegen, und zwar auch, wenn man an ihm vorbei wollte. Die Familie gewöhnte sich an, stets um den Hund herumzugehen. Unachtsame Besucher, die die Situation nicht kannten und in Chaps Zone eindrangen, wurden auch schon mal ins Bein gezwickt. Eine Situation, die die Familie schon als völlig normal akzeptierte (der Besuch hat schließlich nicht aufgepasst!). War niemand im Wohnzimmer, bezog Chap Stellung im Flur, von wo aus er alles im Blick hatte.

Für Chap war dieses Verhalten völlig normal und folgerichtig. Er hatte es sich zur Aufgabe gemacht, seine Familie zu bewachen und zu hüten – der Hüteinstinkt war ihm als Collie ja mitgegeben. Da ihm diese Rolle niemand streitig machte, sondern die anderen Familienmitglieder sogar zeigten, dass sie ganz selbstverständlich bereit waren, respektvoll um ihn herumzugehen, verstärkte sich das Verhalten immer mehr. Chap – zuhause klar in der Führungsposition – zeigte dieses Verhalten natürlich auch in der Außenwelt. Er gab beim Spaziergang das Tempo an und nahm sich Zeit zu schnüffeln, wo er wollte,

Chap zeigt, wo es langgeht.

war aber im Großen und Ganzen »brav«, befolgte durchaus – früher oder später – die Befehle seiner Menschen und benahm sich eigentlich ganz ordentlich.

Da er die meisten Situationen nicht als bedrohlich ansah, gab es auch kaum ernste Probleme – es sei denn, eine echte Bedrohung tauchte auf. In Chaps Augen waren das andere Rüden. Und da um diese immer sofort ein Bogen gemacht wurde, wurde seine Ansicht, die anderen Rüden seien gefährlich, auch stets bestätigt.

Chap betrachtete es nun einmal als seine Aufgabe, auch draußen auf die Familie aufzupassen. Begegnungen mit Rüden bedeuteten also ein Riesentheater, es war bereits zu ernsten Beißereien gekommen. Der an sich »brave« Hund war in einer solchen Situation überhaupt nicht mehr zu kontrollieren, geschweige denn abrufbar. Als es darauf ankam, zeigte Chap deutlich, dass er nicht der Ansicht war, seine Sicherheit und die des Rudels den Menschen anvertrauen zu können.

Um Chaps Aggressionen gegen männliche Artgenossen in den Griff zu bekommen, war also nicht nur das Training draußen notwendig, sondern auch eine Veränderung seiner Rolle zuhause. Chap bekam einen Platz in einer Ecke des Wohnzimmers zugewiesen, auf den er fortan regelmäßig geschickt wurde – und zwar vor allem dann, wenn er Position im Flur oder an anderen »Kontrollpunkten« bezog.

Chap musste das klare Signal bekommen, dass es nicht erwünscht und nicht notwendig war, den Beschützer und Hüter zu spielen. Seine Besitzer lernten, Ihrem Hund im Alltag mehr Führung zu geben. Auf dieser Grundlage besserte sich auch Chaps Verhalten gegenüber Rüden schnell.

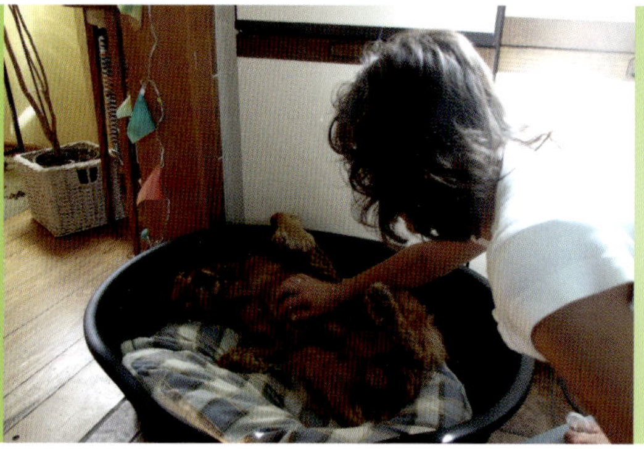

Ausgiebige Streicheleinheiten machen den Korb positiv.

Die junge Vizslahündin Gila hat sehr schnell begriffen, wo die Grenze verläuft – jetzt probiert sie vorsichtig aus, wie ernst es Frauchen damit wirklich ist.

Sobald der Hund seinen Platz kennt und akzeptiert, schicken Sie ihn mehrmals täglich auf seinen Platz. Wenn er sich nicht schicken lässt, führen Sie den Hund an Halsband oder Leine zum Korb, fordern Sie ihn auf, hineinzuspringen, und belohnen Sie ihn dafür.

Lassen Sie ihn dort verweilen, mit dem Befehl »Bleib!«. Anfangs nur kurz, mit der Zeit dann länger. Für den Anfang reichen ein paar Minuten. Holen Sie ihn selbst wieder aus dem Korb, bevor er seine eigene Entscheidung trifft, aufzustehen. Schnell werden die Phasen, in denen der Hund im Korb bleibt, länger werden. Die meisten Hunde akzeptieren den Korb schnell als Ort der Ruhe und suchen ihn von sich aus auf. Nicht selten finden sie dort endlich die Entspannung, die ihnen vorher gefehlt hat – gerade nervöse, aufgedrehte Hunde profitieren sehr davon. Und auch der Mensch kann sich entspannen, ohne ständig einen aufgeregten Hund um die Füße zu haben. Schon allein dadurch wird die Mensch-Hund-Beziehung und der Umgang miteinander gelassener und ruhiger. Vergessen Sie auch hier nicht, den Hund wieder mit einem »Lauf!« zu »entlassen«, wenn Sie ihn vorher in den Korb geschickt haben! Tun Sie das nicht, wird er irgendwann selbst entscheiden, dass er aufstehen möchte. Auch wenn Ihnen diese kleine Inkonsequenz nicht weiter auffällt, der Hund bemerkt sie.

IN DER WOHNUNG GRENZEN SETZEN

Es ist sinnvoll, dem Hund schon in der Wohnung Grenzen zu setzen. Der Hund sollte nicht immer auf Schritt und Tritt überall dabei sein, sondern – von Anfang an – lernen, eine kurze Trennung vom Menschen auszuhalten. Ein Hund, der nicht in der Wohnung lernt, die vom Menschen gesetzten Grenzen zu akzeptieren, wird in der »Außenwelt« erst recht Probleme haben.

Es spricht zwar nichts dagegen, dass der Hund sich in der Wohnung weitgehend frei bewegt. Es sollte aber klar sein, dass dieses Privileg den menschlichen Familienmitgliedern in stärkerem Maße zusteht als dem Hund. Einige Räume sollten für den Hund deshalb »Sperrzonen« sein.

Zeigen Sie dem Hund, dass er zum Beispiel nichts in Bad oder Küche oder auch im Kinderzimmer, Arbeitszimmer oder Schlafzimmer zu suchen hat – je nach Ihren Bedürfnissen. Schicken Sie den Hund jedes Mal wieder raus, wenn er Ihnen in eine »Sperrzone« folgen will. Es geht nicht darum, ob es nun schlimm ist oder nicht, wenn der Hund die Küche betritt – es geht vielmehr darum, dem Hund gegenüber konsequent zu sein. Diese Übung ist für den Menschen wichtiger als für den Hund! Denken Sie sich eine unsichtbare Grenze an der Türschwelle zur

Küche, die der Hund nicht überschreiten darf. Viele Hunde lassen sich problemlos nur mit einem Handzeichen wegschicken. Funktioniert das nicht, können Sie den Hund auch an der Leine wieder hinausführen oder wegschieben. Achten Sie auf Ihren Hund, schicken Sie ihn schon zurück, wenn er sich vorsichtig anschleicht, statt zu warten, bis er schon wieder in der Küche steht. Wenn Sie sein Vorhaben frühzeitig erkennen und vereiteln, können Sie Ihren Hund am meisten beeindrucken.

Wenn Sie konsequent bleiben, hat der Hund die Sperrzone nach wenigen Tagen akzeptiert. Erwarten Sie aber nicht, dass die Sache damit für alle Zeit erledigt ist! Der Hund wird immer wieder mal einen Versuch starten, doch in die Küche zu kommen, er ist ja kein Automat, den man ein für alle Mal programmiert hat. Ihre Konsequenz wird mit Sicherheit regelmäßig auf die Probe gestellt.

Und erwarten Sie nicht, dass der Hund die Sperrzone auch dann respektiert, wenn Sie nicht da sind. Wenn Sie die Wohnung verlassen, sollten Sie die Türen zu den »verbotenen Räumen« zumachen, sonst wird mancher unternehmungslustige Hund sicher die Gelegenheit nutzen, sich über das Verbot hinwegzusetzen und sich mal gründlich umzusehen.

Manche Hunde haben allerdings große Probleme damit, wenn Sie dem Menschen nicht auf Schritt und Tritt folgen dürfen. Gerade dann sollten Sie den Hund behutsam daran gewöhnen. Diese Hunde werden auch die größten Probleme mit dem Alleinsein haben.

ALLEIN BLEIBEN

Es ist sicher nicht sinnvoll, sich einen Hund anzuschaffen, wenn man ihn viele Stunden am Tag alleine lassen muss. Die meisten Hunde können aber das Alleinebleiben über eine begrenzte Zeitspanne lernen. Wie lange der einzelne Hund das verträgt, ist sehr unterschiedlich. Gewöhnen Sie den Hund zuerst daran, in einem Raum für kurze Zeit alleine zu bleiben, ohne dass Sie die Wohnung verlassen. Machen Sie einfach mal die Tür hinter sich zu, wenn Sie aus dem Zimmer gehen. Ignorieren Sie den Hund für eine kurze Zeit, auch wenn er jault oder an der Tür kratzt. Am Anfang sollten es nur ganz kurze Phasen des Alleinseins sein, nicht mehr als ein paar Minuten. Das sollten Sie aber von Anfang an, schon ab dem Welpenalter, immer wieder üben. Je selbstverständlicher es für den Hund wird, ab und zu mal zurückzubleiben, umso eher gewöhnt er sich an längere Phasen des Alleinseins.

Kündigen Sie dem Hund gegenüber nicht an, dass Sie ihn gleich verlassen werden, kein Abschied, kein »jetzt sei aber schön brav, solange ich weg bin ...« Und auch wenn Sie wiederkommen – tun Sie, als wäre nichts gewesen. Gehen Sie zurück in den Raum, ohne den Hund zu begrüßen, ohne ihn überhaupt zu beachten, auch wenn er ein großes Begrüßungstheater macht. Ignorieren Sie das Verhalten einfach komplett. Sie würden ja auch ein menschliches Familienmitglied nicht jedes Mal überschwänglich begrüßen, wenn Sie mal zehn Minuten im Keller waren. Zeigen Sie Ihrem Hund, dass es völlig normal ist, kurz alleine zu bleiben. Das bedeutet aber auch, ihn nicht zu loben, selbst wenn er ganz brav in seinem Körbchen gelegen hat. Jedes besondere Verhalten weckt beim Hund Erwartungen. Wenn jedes Mal etwas Besonderes passiert, wenn er alleine gelassen wird – egal ob das Schimpfen ist, weil er etwas zerbissen hat, Lob, weil er brav war oder eine freudige Begrüßung – baut sich Spannung auf: »Jetzt bin ich alleine, also wird etwas passieren, wenn der Mensch wiederkommt!« Der Hund soll aber nicht angespannt warten, sondern sich entspannen und die Zeit zum Ruhen nutzen.

Steigern Sie die kurzen Phasen des Alleinseins ganz langsam. Alleine zu bleiben bedeutet für den Hund erheblichen Stress. Umso behutsamer er daran gewöhnt wurde, umso besser wird er damit zurechtkommen. Und je stabiler

Ein Hund, der geistig und körperlich ausgelastet ist, strahlt Zufriedenheit und Gelassenheit aus.

und sicherer die Bindung zu Ihrem Hund wird, umso besser wird er Trennungen wegstecken können. Nur die Erfahrung, sich auf seinen Menschen verlassen zu können, gibt dem Hund die nötige Sicherheit, dass der Mensch auch wiederkommt.

Ein ausgelasteter Hund, der geistig und körperlich gefordert wird, wird die Zeit zum Ruhen nutzen und viel besser mit dem Alleinsein klar kommen, als ein Hund, der nichts kennt, als dreimal am Tag dieselbe Runde abzulaufen. Beschäftigen Sie sich intensiv – für mindestens eine Stunde – mit dem Hund, bevor Sie ihn alleine lassen, und sorgen Sie dafür, dass er auch körperlich ausgelastet ist. Nach längeren Phasen des Alleinseins sollten Sie Ihrem Hund immer Gelegenheit geben, den Stress im Spiel und beim Herumtoben abzubauen.

NAGEN, BEISSEN, AUSEINANDERNEHMEN – WENN IHR HUND EIN ZERSTÖRER IST

Die Frage, wie man einem Hund abgewöhnt, die Tapete abzunagen, das Sofa zu zerlegen oder das Kabel zu zerbeißen, wenn er alleine ist, taucht in meiner Arbeit ziemlich häufig auf. Diese Hundebesitzer sind meistens ziemlich überrascht, dass wir überhaupt nicht an diesem Problem arbeiten – und trotzdem löst es sich in vielen Fällen relativ schnell.

Dieses Verhalten ist lediglich ein Symptom für andere Probleme. Am Symptom selbst zu arbeiten, ist unmöglich, denn der Hund zeigt das Verhalten ja nur, wenn der Mensch nicht da ist, um einzugreifen. Ihn hinterher zu bestrafen, bringt überhaupt nichts – der Hund wird die Strafe nicht mit seinen vorhergehenden Handlungen in Verbindung bringen. Die Erwartung des Donnerwetters, wenn der Mensch zurückkommt, versetzt den Hund nur in noch mehr Aufregung – Stress, der sich seinen Weg in Zerstörungswut bahnt.

Solche Hunde müssen viel stärker ausgelastet werden – körperlich wie geistig. Sie leiden unter mangelnder Bewegung, zu wenig Sozialkontakt, Unsicherheit durch fehlende Bindung, Stress, weil sie nicht gelernt haben, sich mit ihrer Umwelt auseinanderzusetzen oder Langeweile – meist alles zusammen. Solche Hunde zeigen immer auch andere Probleme. Oft hat schlechte Leinenführigkeit dazu geführt, dass sie immer weniger rauskommen und körperlich unausgelastet sind. Wegen mangelnder Sozialisierung bekommen sie zu wenig Gelegenheit zu Sozialkontakt mit anderen Hunden. Weil sie schlecht zu kontrollieren sind, gehen die Besitzer immer mehr Situationen aus dem Weg, bis der Erfahrungshorizont des Hundes auf die Wohnung und den immer gleichen Weg um die nächsten drei Ecken zusammengeschrumpft ist. Weil die Kommunikation mit dem Menschen nicht klappt und die Bindung fehlt, ist der Hund permanent verunsichert, es mangelt an Vertrauen in den Menschen. Der Hund hat keine Selbstkontrolle gelernt. Er hat oft keinen Platz, den er als Ort der Ruhe und Sicherheit akzeptiert. Solange der Mensch da ist, zeigen solche verunsicherten Hunde oft ein ständiges Betteln um Aufmerksamkeit. Wenn sie alleine bleiben müssen, bauen sie ihren Stress schließlich durch Beißen, Nagen und Herumkauen ab. Egal, wo im Einzelfall das Hauptproblem liegt – die Arbeit an allen anderen »Baustellen« und eine Veränderung des Alltags wird die Situation schnell erheblich verbessern.

Sorgen Sie vor allem für körperliche und geistige Beschäftigung. Gerade die Kopfarbeit kommt sehr oft zu kurz – eine Stunde rennen ist gut und schön, aber Ihr Hund braucht Ansprache und Beschäftigung, damit sich kein Frust aufbaut.

Insbesondere Hütehunderassen machen häufig massive Probleme, wenn sie unausgelastet sind. Gerade Border Collies oder Australian Shepherds werden angeschafft, weil sie als intelligent und aufgeweckt gelten. Solche Hunde stellen hohe Ansprüche und brauchen viel Beschäftigung. Sie leiden unter Langeweile, wenn

DER HUND SOLL NICHT ALLEINE SEIN ...

Und deshalb verbringt er den Tag bei Oma oder einer anderen Betreuungsperson. Das schafft nicht selten Probleme. Leider dient die Tagesbetreuung nur allzu oft als Entschuldigung für mangelnde Beschäftigung mit dem Hund – die Verantwortung wird mitsamt dem Hund abgeschoben. Zumindest sollte man sich einig sein, wie mit dem Hund umzugehen ist. Regeln, die zuhause gelten, sollten auch bei der Oma oder bei den Nachbarn gelten. Häufig fühlen sich die Betreuungspersonen aber nicht berufen, sich auch noch um die Erziehung des Hundes zu kümmern – es ist ja nicht ihr Hund. Oft funktioniert es besser, wenn der Hund zuhause bleibt und die Betreuungsperson zu Besuch kommt, den Hund zu einem Spaziergang abholt und wieder nach Hause bringt.

Oder es wird ein zweiter Hund angeschafft. Die Angst vor dem Alleinsein schaut sich der Zweithund aber vom ersten ab! Wie alle anderen Fehler und Probleme auch. Jetzt haben Sie zwei Hunde, die verunsichert sind, wenn Sie nicht da sind. Ein zweiter Hund macht die Situation nicht besser, sondern nur komplizierter.

Arnold hat gelernt, brav auf sein Futter zu warten.

Ihnen außer der täglich gleichen Runde nichts geboten wird. Das gilt natürlich für alle Hunde. Wer aber von vornherein weiß, dass der Hund einige Stunden am Tag allein bleiben muss, sollte sich für eine ruhige Rasse entscheiden, und keinen Hund aus einer ausgesprochenen Arbeitshundezuchtlinie wählen.

DER FUTTERPLATZ

Wasser muss dem Hund jederzeit zur Verfügung stehen. Futter sollte dagegen nicht den ganzen Tag zur Selbstbedienung herumstehen. Dann haben Sie weder einen genauen Überblick darüber, wie viel der Hund frisst, noch können Sie effektiv mit Futterlob arbeiten oder das Füttern zur Bindungsarbeit nutzen. Und es entspricht ohnehin nicht der Biologie des Hundes.

Beim Füttern – egal ob Sie einmal oder mehrmals am Tag füttern – muss es ruhig zugehen. Wie Sie mit einem ungestümen Hund arbeiten können, ist im Abschnitt über das Futterspiel beschrieben.

Futter und Wasser sollten an einem Platz stehen, an dem der Hund nicht allzu sehr gestört wird. Im Flur oder vor der Eingangstür, wo ständiger Durchgangsverkehr herrscht, gewöhnen sich viele Hunde an, ihren Napf zu bewachen.

Aber was tun, wenn der Hund sich dieses Verhalten bereits angeeignet hat? Wenn der Hund niemanden an sein Futter lassen möchte, dann füttern Sie ihn zunächst nur aus der Hand. Erst, wenn das ganz entspannt funktioniert, kommt der Napf wieder ins Spiel. Füttern Sie den Hund immer noch aus der Hand, aber mit der Hand im oder am Futternapf.

Üben Sie dann, den Napf wegzunehmen. Überfallen Sie den Hund dabei nicht, sondern geben Sie immer eine Vorwarnung: Sprechen Sie ihn mit Namen an, rufen ihn vom Futternapf weg, lassen ihn sitzen und nehmen dann erst das Futter weg.

Das sollte man regelmäßig mit jedem Hund – idealerweise vom Welpenalter an – üben. Der Hund soll sich auch vom Futternapf abrufen lassen und muss allen (menschlichen) Familienmitgliedern erlauben, seinen Napf wegzunehmen – von Fremden braucht er sich das allerdings nicht gefallen zu lassen! Und auch jüngere Kinder sollten den Futternapf in Ruhe lassen.

BESUCH KOMMT!

Der erste Besuch bei einem neuen Kunden. Schon die ersten Sekunden sagen eine Menge aus. Was passiert, wenn ich auf die Klingel drücke? Häufig fällt die Begrüßung so aus: Auf mein Klingeln ertönt sofort Gebell und Getrappel. Es folgen Schritte und ein hektischer Wortschwall: »Komm her, warte, ja ich komme ja schon, ruhig, Aus!«

Die Tür öffnet sich einen Spalt, der Hund versucht, sich hindurchzudrängen und wird nur mit Mühe daran gehindert. Während der Hund freudig an mir hochspringt, bellt und herumrennt, schaut der Besitzer dabei zu oder redet beschwichtigend auf den Hund ein. Nicht selten dauert es einige Zeit, bis die Menschen sich überhaupt richtig begrüßen können. Der Hund

Eine solche Begrüßung mag nicht jeder.

steht absolut im Mittelpunkt der Situation. Viele Hundebesitzer finden das mehr oder weniger normal, oder empfinden es erst als Problem, wenn das Verhalten so eskaliert, dass Besucher sich ernsthaft bedrängt fühlen. Nicht jeder möchte von einem Hund angesprungen werden.

Dabei ist das Begrüßungstheater ein Verhalten, das dem Hund über eine längere Zeit regelrecht anerzogen wurde. Es wäre leicht zu verhindern gewesen.

DAS PROBLEM MIT DEN ERWARTUNGEN ...

Hunde sind intelligente und lernfähige Lebewesen. Sie lernen unentwegt, nicht nur dann, wenn wir ihnen etwas beibringen wollen. Hunde können unsere Menschenwelt zwar nicht verstehen, aber sie können Zusammenhänge erkennen und entsprechend reagieren. Dabei ziehen sie oft (aus unserer Sicht) falsche Schlüsse – mit den Augen des Hundes betrachtet, ist das Verhalten aber völlig logisch. Statt den Hund dafür zu tadeln, sollten wir also besser die Situation analysieren und uns fragen, was der Hund da eigentlich gelernt hat. Durch unser Verhalten zeigen wir dem Hund, welche Situationen etwas Besonderes sind – Anlass zur Aufregung oder Unruhe, Angst oder sogar Aggression. Es ist also ganz entscheidend, beim Hund nicht ungewollt falsche Erwartungen zu wecken. Wenn jedes Mal Aufregung ausbricht, wenn es klingelt, wird der Hund bald der Erste sein, der sich aufregt. Wenn Sie jedes Mal sofort die Leine kürzer nehmen, wenn ein anderer Hund auf Sie zukommt, wird der Hund bald noch vor Ihnen auf die Gefahr reagieren. Daraus entstehen schnell Teufelskreise. Weil der Hund sich jedes Mal so gebärdet, wird die Situation noch angespannter, Sie selbst reagieren noch ängstlicher, aufgeregter oder hektischer, der Hund wird in seinem Verhaltensmuster bestätigt. Zum Glück lässt sich die falsche Erwartung so gut wie immer wieder löschen, wenn der Mensch sein eigenes Verhalten grundlegend ändert und das des Hundes ignoriert. Erlernte Verhaltensmuster auf diese Weise »umzuprogrammieren«, erfordert allerdings Zeit, Geduld und sehr viel Konsequenz. Erheblich einfacher ist es, sie gar nicht erst entstehen zu lassen!

WAS PASSIERT EIGENTLICH AUS DER SICHT DES HUNDES?

Sobald es klingelt, reagiert das ganze Rudel mit Aufregung, man unterbricht sofort alles, was man gerade tut und eilt zur Tür. Genau das macht auch der Hund. Nun wird er für sein Verhalten belohnt: Je mehr er bellt und hochspringt, desto mehr steht er im Mittelpunkt. Der Besuch kümmert sich erst mal ausgiebig um den Hund (ob er ihn streichelt oder ihn abzuschütteln versucht, ist für den Hund dabei relativ egal), und auch vom Besitzer gibt es jede Menge Aufmerksamkeit. Diese positive Verstärkung sorgt dafür, dass er immer »besser« auf die Klingel reagiert und immer mehr Theater macht – genau so, wie er es gelernt hat.

Fangen Sie nicht erst an, an dem Verhalten zu arbeiten, wenn es bereits gefestigt ist, sondern achten Sie von Anfang an auf ruhiges Benehmen gegenüber Besuchern.
Dazu gehört es auch, Ihre Besucher zu bitten, sich korrekt zu verhalten. Bevor der Hund überschwänglich begrüßt wird, sind erst mal die Menschen dran! Das gilt natürlich für Familienmitglieder genauso wie für Fremde. Und wenn Sie nicht wollen, dass Ihr Hund Sie oder andere anspringt, müssen Sie auch verhindern, dass Besucher Ihren Hund dazu animieren.

Natürlich darf der Hund nachsehen, wer da kommt, und auch Besucher begrüßen. Er sollte sich aber respektvoll verhalten, den Besuch nicht bedrängen und sich jederzeit von Ihnen zurückrufen lassen.

Die Besuchssituation ist durchaus mit Begegnungen mit Menschen oder Hunden draußen vergleichbar. Wenn sich der Hund also in der Öffentlichkeit benehmen soll, müssen Sie auch zuhause auf sein Benehmen achten!

Fünf Schritte zur Problemlösung

1. Schritt: Bringen Sie an Ihrer Tür einen Zettel an: »Bitte einen Moment warten.«

Reagieren Sie nicht mehr sofort, wenn es klingelt. Beenden Sie erst in aller Ruhe, was immer Sie gerade tun, und gehen Sie erst dann zur Tür. Vor allem wird der Hund überhaupt nicht beachtet, egal wie er sich verhält.
Die Klingel bringt ihm nicht automatisch Aufmerksamkeit ein und ist kein Signal zum Losrennen mehr!

Bitten Sie einen Nachbarn, ab und zu bei Ihnen zu klingeln. Und reagieren Sie auf dieses Klingeln einfach überhaupt nicht. Üben Sie das mehrmals täglich – länger als eine Woche sollte es nicht dauern, bis der Hund auf das Klingeln nicht mehr besonders enthusiastisch reagiert.

2. Schritt: Bevor Sie zur Tür gehen, rufen Sie den Hund zu sich, lassen ihn sitzen, und leinen ihn an. Ganz in Ruhe, ohne Stress, ohne Hektik. Holen Sie sich wie immer die Aufmerksamkeit des Hundes! Erst dann gehen Sie gemeinsam zur Tür und öffnen. Sorgen Sie mithilfe der Leine dafür, dass der Hund nicht vor Ihnen aus der Tür und auf den Besucher zustürmen kann.

3. Schritt: Öffnen Sie nun die Tür mit dem Hund an der Leine. Bitten Sie alle Besucher, nicht zuerst den Hund zu begrüßen, sondern die Menschen. Solange der Hund Theater macht, wird er von allen komplett ignoriert.
Das bedeutet, ihn auch nicht anzusehen oder mal eben kurz über den Kopf zu streicheln.

An der Leine haben Sie den Hund unter Kontrolle und können das Anspringen verhindern. Reagieren Sie nicht erst, wenn der Hund die Pfoten schon oben hat, sondern korrigieren Sie bereits Ansätze zum Springen durch ein kurzes Signal mit der Leine und einem »Nein!«. Beachten Sie den Hund sonst weiterhin gar nicht. Auch kein Lob für gutes Benehmen!
In dieser Situation ist der Hund einfach mal unwichtig.

4. Schritt: Wenn sich der Hund an der Leine gut benimmt, können Sie die Leine wieder weglassen. Aber achten Sie darauf, dass der Hund nun nicht wieder vor Ihnen an der Tür ist! Es dauert eine Weile, bis das alte Verhalten durch ein neues Muster ersetzt wird. Fängt der Hund mit Bellen oder Anspringen wieder an, gehen Sie erneut einen Schritt zurück.

5. Schritt: Nun hat der Hund begriffen, dass eigentlich gar nichts Aufregendes passiert. Üben Sie nun, ihn auf seinen Platz zu schicken, wenn es geklingelt hat, und gehe Sie alleine zur Tür. Solange der Hund sich gut benimmt, ist es kein Problem, wenn er mit zur Tür kommt und auch von Ihren Besuchern begrüßt wird. Schließlich soll Besuch für den Hund durchaus etwas Positives sein. Wichtig ist, dass er Besuch eben nur dann begrüßen darf, wenn Sie es erlauben. Möchten Sie gerade keinen Hund dabei haben, können Sie ihn aber ebenso in seinen Korb schicken. Das ist das Ziel.

An der Leine ist Gila unter Kontrolle. Marianne kann sie mit einem Leinensignal ermahnen, bevor sie hochspringt.

KLINGELN IST LANGWEILIG – EIN TRICK FÜR GEDULDIGE

Wenn der Hund das Klingeln für unglaublich aufregend hält, können Sie versuchen, es ihm einfach langweilig zu machen.

Lassen Sie einen Helfer mehrmals täglich klingeln, ohne aber an der Tür zu warten. Rufen Sie Ihren Hund zu sich, wenn es klingelt. Leinen Sie ihn an, und gehen Sie mit ihm zur Tür. Sie sehen nach, stellen fest, dass keiner da ist und gehen wieder rein – mit dem Hund an der Leine. Das machen Sie mehrmals am Tag.

Bald wird dem Hund das Spielchen langweilig. Seine Erwartung, auf das Klingeln folge immer etwas ganz Aufregendes und Tolles, wurde ersetzt durch die Erwartung, jetzt schon wieder völlig umsonst zur Tür laufen zu müssen. Er wird bald gar nicht mehr von sich aus aufstehen und zur Tür rennen. Bingo! Jetzt muss er natürlich erst recht mit. Spielen Sie das Spiel noch einige Tage weiter. Das Zur-Tür-Gehen ist bald eine lästige Pflicht, und der Hund wird lieber in seinem Korb bleiben.

ANSPRINGEN

Das Anspringen zur Begrüßung ist ein völlig normales Verhalten – so wie der Welpe die Schnauze der Mutter, wollen Hunde auch das menschliche Gesicht zur Begrüßung ablecken. Und das befindet sich nun mal hoch über dem Hund. Der einfachste Weg, dem Hund das Hochspringen ab- bzw. gar nicht erst anzugewöhnen, ist deshalb, von Anfang an darauf zu achten, dass alle vier Pfoten auf dem Boden bleiben – ob bei der Begrüßung oder im Spiel. Gehen Sie also runter auf die Ebene des Hundes – in die Hocke, nicht über den Hund beugen – dann hat er keinen Grund, an Ihnen hochzuspringen.

Jedes Herumfuchteln und Armehochreißen animiert den Hund noch mehr dazu, hoch zu springen. Vermeiden Sie also hektische Bewegungen. Schieben Sie den Hund von sich – besonders aufdringliche Hunde können Sie auch mit einem deutlichen Schubs von sich befördern. Drehen Sie sich betont weg und ignorieren Sie den Hund. Jede Aufmerksamkeit verstärkt das Verhalten nur.

Verhindern Sie auch, dass andere den Hund zum Hochspringen animieren. Wenn Ihr Hund Besucher anspringt, dann halten Sie ihn an der Leine unter Kontrolle. Hochspringen fängt schon mit »Pfötchengeben« an, je toller man

Gehen Sie bei der Begrüßung oder zum Spielen auf die Ebene des Hundes – die Pfoten bleiben auf dem Boden.

Kontaktaufnahme – es ist völlig normal, dass Hunde versuchen, das Gesicht des Menschen zu erreichen.

das findet, umso mehr verstärkt sich das Verhalten bis zum Anspringen. Das muss nicht bedeuten, dass Ihr Hund nie wieder hochspringen oder Pfote geben darf! Natürlich darf er – und zwar auf Kommando. Wenn Pfotegeben oder Anspringen auf Kommando Ihre Lieblingsübung wird – umso besser. Nur unaufgefordert sollte der Hund nicht hochspringen.

Aus dem Anspringen auf Kommando heraus können Sie einen Schritt weiter gehen und den Hund ganz hochheben – eine wichtige Übung. Jeder Hund muss sich heben und tragen lassen. Sollte sich der Hund unterwegs mal verletzten, ist es zu spät zum Üben. Auch große Hunde sollten also daran gewöhnt sein, getragen zu werden. Macht Ihr Hund dabei Schwierigkeiten, tasten Sie sich langsam heran. Sobald der Hund es duldet, fest umarmt zu werden, nehmen Sie ihn zuerst auf den Schoß, heben ihn dann nur ganz kurz an und steigern sich langsam. Verbinden Sie diese Übung mit einem Futterspiel.

Die Bodenhaftung zu verlieren, ist für Hunde unangenehm. Nur mit allen vier Pfoten auf dem Boden fühlt sich der Hund wirklich sicher – er kann reagieren, fliehen oder sich verteidigen. Ohne festen Bodenkontakt ist der Hund hilflos. Das ist der Grund, warum Hunde, die viel hochgehoben und herumgetragen werden, oft – aus Unsicherheit – Aggressionen zeigen (siehe Dajas Geschichte auf Seite 155!). Der Besitzer will seinen kleinen Hund ja eigentlich beschützen,

So niedlich der kleine Arnold auch ist – damit er versteht, dass Anspringen nicht erwünscht ist, befördert Beate die unaufgefordert gegebene Pfote freundlich, aber bestimmt wieder auf den Boden.

Siska liebt Pfote geben auf Kommando.

wenn er ihn hochhebt, meist vor einem anderen Hund. Dort oben kann er aber weder Kontakt zu seinem Artgenossen aufnehmen und mit diesem kommunizieren, noch kann er auf Distanz gehen. Die meisten Hunde verlegen sich auf die einzige Möglichkeit zu handeln, die ihnen bleibt, nämlich von oben runter zu kläffen – die erhöhte Position bedeutet ja gleichzeitig auch eine gewisse Überlegenheit. Das Ganze ergibt eine unselige Mischung, mit der der Hund emotional überfordert ist und die oft in aggressives Verhalten mündet – oder »Frechheit«, wie das bei

Wenn kleine Hunde zuviel herumgetragen werden, verlieren sie buchstäblich den Boden unter den Füßen und damit auch an Selbstsicherheit.

kleinen Hunden gern verharmlost wird.

Die Situation setzt schnell eine Spirale in Gang – der kleine Hund wird immer unsicherer und dadurch aggressiver. Aber auf der anderen Seite auch immer ängstlicher, wird deshalb immer öfter hochgehoben und so weiter.

Versuchen Sie Ihren Hund zu beschützen, indem Sie ihn mit Ihrem Körper von Gefahren abschirmen, statt ihn hochzuheben. Und achten Sie auch in anderen Situationen, beim Schmusen oder Spielen, darauf, dass der Hund mit allen vier Pfoten auf dem Boden bleibt.

Sicherheit auf allen vier Pfoten gibt dem Hund Selbstvertrauen.

WACHSAMKEIT

Wenn der Hund aggressiv auf Besucher reagiert, gehen Sie im Grunde genauso vor, wie bei einer allzu ausgelassenen Begrüßung.

Halten Sie den Hund an der kurzen Leine unter Kontrolle und reagieren Sie auf Knurren oder Bellen mit einem kurzen Leinensignal

und einem deutlichen »Nein!«. Besucher sollen sich möglichst neutral verhalten und den Hund überhaupt nicht beachten, sondern betont wegschauen und sich ganz auf Sie konzentrieren (verabreden Sie das vorher!). Geht Ihr Besuch frontal auf den Hund zu und sieht ihm direkt in die Augen, kann der Hund das leicht als Aggression verstehen.

Sein Knurren sollte weder von Ihnen noch vom Besuch mit Aufmerksamkeit belohnt werden – das gilt auch für negative Aufmerksamkeit wie Schimpfen oder beschwichtigend auf den Hund einzureden.

Und das aggressive Verhalten darf keinen Erfolg haben, indem der Hund die Erfahrung macht, dass der Besuch zurückweicht, wenn er knurrt, bellt oder droht. Darum ist es besonders wichtig, den Hund an der kurzen Leine unter Kontrolle zu haben. Sonst bleibt dem Besucher nichts anderes übrig, als entweder zurückzuweichen oder aber sich mit dem Hund auseinanderzusetzen. Das ist aber allein Ihre Aufgabe und nicht die des Besuchers. Wenn der Hund einigermaßen ruhig bleibt, führen Sie ihn an der Leine auf seinen Platz, legen ihn dort ab und ignorieren ihn komplett. Achten Sie darauf, dass weder Sie noch Ihr Besuch den Hund beobachten oder ständig zu ihm hinsehen. Es reicht, wenn Sie aus den Augenwinkeln sehen können, was der Hund macht. Solange er sich beobachtet fühlt, wird sich der Hund nicht entspannen.

Steht er auf, wird er auf den Platz zurückgeschickt oder geführt und wieder ignoriert, auch wenn er bellt. Je selbstverständlicher Sie mit der Situation umgehen, umso schneller wird sie Ihr Hund akzeptieren.

Wichtig ist es bei Hunden, die Besuchern gegenüber Aggressionen zeigen, keine Vermeidungsstrategien anzuwenden. Jeder Hund sollte von Anfang an lernen, dass Besucher die Wohnung betreten und sich Ihnen nähern dürfen. Zeigt der Hund Ablehnung, konfrontieren Sie ihn erst recht damit. Nichts wäre schädlicher, als den Hund auszusperren, wenn Besuch kommt. Nur Situationen, mit denen Ihr Hund sich auseinandersetzen darf und muss, können zu normalen Alltagssituationen werden!

Pauline, eine Fallgeschichte

PAULINE, EINE VIERJÄHRIGE LABRADOR-MIXHÜNDIN, KAM ALS WELPE MIT UNBEKANNTER VORGESCHICHTE AUS EINEM RUMÄNISCHEN TIERHEIM IN DIE FAMILIE. Von Anfang an zeigte sie eine niedrige Reizschwelle. Einerseits ein anhänglicher und freundlicher Familienhund, war sie Besuchern gegenüber misstrauisch. Saß ein Besucher z. B. im Wohnzimmer, fixierte sie den Fremden und knurrte bei jeder Regung des Eindringlings.

Anfangs, beim Welpen, erschien den Besitzern das Verhalten noch harmlos, sogar ein bisschen drollig. Als ich zu Hilfe gerufen wurde, hatte sich daraus aber ein riesiges Problem entwickelt. Pauline duldete absolut keine Eindringlinge mehr und ging höchst aggressiv auf Besucher los.

Längst hatte sich die Familie angewöhnt, es gar nicht erst zu einer solchen Situation kommen zu lassen. Sobald es klingelte, wurde Pauline umgehend in den Wintergarten, in dem auch ihr Körbchen stand, oder die Küche eingesperrt. Dort verbrachte sie die gesamte Dauer des Besuchs bellend und geifernd, ohne sich zu beruhigen – bei der kleinsten Bewegung oder Geräusch durch den Besuch ging es wieder los. Mittlerweile reagierte sie bereits auf das Läuten des Telefons aggressiv. Beim Spaziergang versuchten die Besitzer, anderen Menschen aus dem Weg zu gehen, da Pauline bereits angefangen hatte, auch draußen Fremde anzuknurren und zu verbellen.

Wie war es zu dieser Entwicklung gekommen? Sicherlich brachte Pauline eine angeborene niedrige Reizschwelle und erhebliche Ängste aus ihrer ungewissen Vergangenheit bereits mit. Statt gegenzusteuern, haben die Besitzer nun unwissentlich Paulines Probleme verstärkt. Ihre Vermeidungsstrategie bestärkte den Hund in seinen Ängsten. Es war offensichtlich notwendig, Fremden aus dem Weg zu gehen – wo das nicht möglich war, blieb dem Hund nur noch Angriff als die beste Verteidigung.

Jeder Besuch – und Besuch war selten geworden – war ein unglaublicher Stress für die ganze Familie. Die Aufregung, die jedes Mal

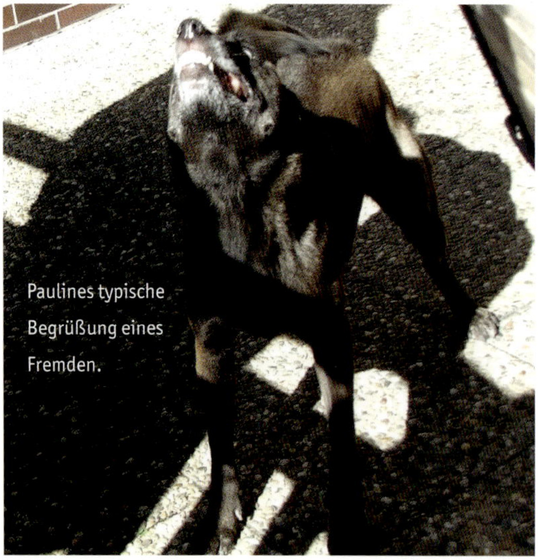

Paulines typische Begrüßung eines Fremden.

Annäherung an Pauline. Ihre Körpersprache zeigt deutlich, dass sie mit dem fremden Eindringling keinen Ärger haben möchte. Sie wendet sich ab und schaut leicht unter sich. Dabei steht sie ziemlich unter Stress. Diese Begegnung ist das erste Mal seit etwa vier Jahren, dass sich ein Fremder innerhalb der Wohnung dem Hund nähert.

ausbrach, wenn es klingelte, zeigte gleichzeitig dem Hund: »Jetzt wird es wieder gefährlich!« Besuch bedeutete immer etwas Negatives, nämlich Stress, Hektik und vor allem, ausgesperrt zu werden. Dabei konnte Pauline aus der Sicherheit des Wintergartens immer noch drohen und den Besuch einschüchtern. War der dann wieder weg, war die Welt wieder in Ordnung, die Familie konnte wieder zusammen sein und der Hund bekam alle Aufmerksamkeit, die er wollte. Paulines aggressives Verhalten war also stets ein voller Erfolg. Ein fataler Teufelskreis, der sich immer weiter drehte. Die Situation wurde für die Menschen immer unerträglicher, deren Stress übertrug sich wiederum auf den Hund, der stets aufs Neue in seiner Sicht der Dinge bestärkt wurde. Ein Ende war nicht in Sicht: Pauline reagierte zunehmend empfindlicher. Die wenigsten Hunde entwickeln sich so extrem wie Pauline. Ihr Fall zeigt aber deutlich, welche Fehler man gar nicht erst machen sollte.

Paulines Training bestand darin, die Situation, dass Fremde in die Wohnung kommen, so schnell wie möglich wieder zur Normalität zu machen. Schon die dritte Trainingsstunde bestand in einem Kaffeeklatsch mit zwei Nachbarinnen – etwas, das nur zwei Wochen vorher als unmöglich galt.

Mit Maulkorb und Leine ist Pauline unter Kontrolle. So können sich Hund und Mensch gefahrlos mit der Situation auseinandersetzen.

Pauline beim Sozialspaziergang.

Pauline hatte gelernt, das Klingeln nicht mehr als etwas Besonderes zu betrachten und nicht mehr regelrecht auszurasten wie vorher. Besucher wurden nur noch mit dem Hund sicher unter Kontrolle an der Leine und mit Maulkorb begrüßt. Pauline wurde deutlich gezeigt, dass ihre Aggressionen unerwünscht waren, ansonsten wurde sie ignoriert.

Inzwischen hat Pauline die Attacken aufgegeben und lässt sich auf ihren Platz schicken, wenn Besuch kommt. Der Korb steht nun wieder im Wohnzimmer. Pauline kann sich nicht mehr in die Sicherheit des Wintergartens zurückziehen und von dort aus drohen, sondern bleibt bei der Familie und muss sich mit der Situation auseinandersetzen. Zur Sicherheit trägt sie aber nach wie vor einen Maulkorb, wenn Besucher kommen. Neben dem Training zuhause war es für Pauline extrem wichtig, Erfahrungen in der Außenwelt zu sammeln, um selbstsicherer und ausgeglichener zu werden.

Sie hat Trainingsstunden in der Innenstadt absolviert und an geführten Sozialspaziergängen mit anderen Hunden teilgenommen. Sich mit ihrem Hund gelassen auch durch größere Menschengruppen bewegen zu können und nicht mehr ständig auf der Hut zu sein, gab auch Paulines Besitzern viel mehr Sicherheit im Umgang mit dem Hund. Viele kleine Veränderungen haben einen großen Erfolg gebracht. Ein so gravierendes Verhalten legt sich nicht über Nacht, aber das Zusammenleben mit Pauline wurde durch einige wenige Veränderungen schnell deutlich entspannter.

DAS HANDZEICHEN SIGNALISIERT »GIB LAUT!«

BELLEN

Bellen ist ein völlig normales Verhalten und an sich nichts Negatives. Bellt der Hund übertrieben viel, dann hat das Ursachen, die abgestellt werden müssen – das Bellen ist nur ein Symptom. Grob kann man drei Arten von Bellen unterscheiden: Aufmerksamkeits- oder Aufforderungsbellen, Wachsamkeitsbellen und Aggressionsbellen. Wenn der Hund bellt, um die Aufmerksamkeit des Menschen zu erlangen, gibt es nur eine Möglichkeit, es ihm abzugewöhnen: absolut ignorieren. Der Hund hat gelernt, dass er den Menschen lenken und beeinflussen kann, denn auf sein Kläffen folgt eine Reaktion (ob die positiv oder negativ ist, ist dabei unwichtig, es geht um die Aufmerksamkeit an sich). Je erfolgreicher der Hund damit ist, desto mehr wird er bellen. Also kein dauerndes »Nein, hör doch auf, ruhig jetzt ...« mehr. Beachten Sie den

BELLEN AUF KOMMANDO

Es gibt einfach Hunde, die gern und viel bellen. Versuchen Sie, das Bellen als etwas Positives zu sehen – machen Sie eine Übung daraus. Wenn der Hund gelernt hat, auf Kommando zu bellen, ist es ganz einfach, ihm auch den Befehl beizubringen, damit aufzuhören. In dem Moment, in dem der Hund gerade bellt, geben Sie die Anweisung: »Gib Laut!« Das können Sie nun sofort beloben (der Hund bellt ja sowieso schon). Zeigen Sie dem Hund, dass Sie sein Bellen ganz toll finden.

Jetzt kommt der Befehl »Aus!«. Im selben Moment reichen Sie dem Hund eine Belohnung. Das sorgt dafür, dass er aufhört, zu bellen, um die Belohnung zu nehmen. Üben Sie regelmäßig, zwei- bis dreimal pro Tag. Anfangs beloben Sie das Bellen auf Kommando und das Aufhören gleichermaßen, später nur noch den Befehl »Aus!«. Sobald das funktioniert, können Sie mit dem jetzt eingeführten »Aus!« auch das unaufgeforderte Bellen abstellen. Loben Sie ausgiebig, und geben Sie eine Belohnung, wenn der Hund dem Kommando folgt.
Achten Sie darauf, das Bellen besonders dann zu üben, wenn der Hund gerade gar nicht bellen will. So wird das Bellen zur Arbeit – von sich aus wird der Hund dann schon seltener bellen.

Hund nicht, schauen Sie ihn nicht an, drehen Sie ihm den Rücken zu. Schicken Sie ihn auf seinen Platz, bellt er dort weiter, wird er weiter ignoriert. Dabei müssen Sie absolut konsequent sein. Je länger der Hund vorher Erfolg hatte, umso länger wird es dauern, bis das Verhalten besser wird.

Die eigentlichen Ursachen für das ständige Heischen nach Aufmerksamkeit sind damit aber noch nicht abgestellt: Langeweile und Unterforderung. Wenn der Hund körperlich und geistig ausgelastet ist, erledigt sich das Problem oft von alleine.

Wie Sie mit Wachsamkeitsbellen umgehen können, ist bereits im Kapitel »Besuch kommt!« beschrieben. Hunde, die schon bellen, wenn im Treppenhaus nur jemand vorbeigeht, profitieren davon, wenn ihr Platz in der Wohnung möglichst geschützt und weit von der Eingangstür entfernt liegt. Üben Sie, den Hund auf den Platz zu schicken, und achten Sie darauf, dass er dort bleibt – auch wenn es klingelt. Sorgen Sie dafür, dass der Hund nicht mitten im Flur oder vor der Wohnungstür die Bewacherposition bezieht.

Um Aggressionsbellen abzustellen, müssen Sie sich mit den Ursachen der Aggression auseinandersetzen. Am häufigsten tritt das Problem bei Begegnungen mit anderen Hunden auf. Mehr dazu im Kapitel »Begegnungen«.
Egal, wie und warum der Hund bellt – die Aufregung des Menschen, der auf den Hund einredet oder -schreit, interpretiert der Hund einfach als Mitbellen. Es ermuntert ihn nur, gemeinsam mit dem Rest des Rudels weiterzubellen.

IM GARTEN

Viele halten einen Garten für eine Voraussetzung für artgerechte Hundehaltung. Dabei kann ein Garten sogar mehr schaden als nützen. Den Hund in den Garten zu befördern dient oft als Ersatz für sinnvolle Beschäftigung. Der Hund kann sich seine Bewegung und Abwechslung ja selbst suchen ... Genau das wird der Hund auch tun, und da liegt das Problem. Wenn sich der Hund alleine im Garten aufhält, können Sie nicht kontrollieren, was er dort tut. Der Hund wird sich sehr schnell Verhaltensweisen aneignen, die zu Problemen werden können. Wenn er jeden am Gartenzaun verbellen darf – Sie sind ja nicht dabei, um es ihm zu verbieten – wird er dieses Verhalten bald auch auf der Straße oder in der Wohnung zeigen. Ob der Hund sich nun angewöhnt, den Aufpasser zu spielen, andere Hunde zu verbellen oder sein Jagdverhalten auslebt, indem er ungestört Nachbars Katze verfolgt oder Vögel jagt , für den Hund ist nicht klar, warum das nur auf den Garten beschränkt sein soll.

Sie wünschen sich einen gut sozialisierten Hund, der im Alltag keine Probleme verursacht und sich gut in die Menschenwelt einfügt? Dann ist es ratsam, dem Hund nicht zu viel Gelegenheit zu geben, sich schlechte Angewohnheiten zuzulegen, die Sie ihm nur mühsam wieder abtrainieren können.

Lassen Sie den Hund also nicht ohne Aufsicht im Garten, zumindest nicht, bevor seine Erziehung gefestigt ist. Sehr viel sinnvoller ist es, sich aktiv mit dem Hund zu beschäftigen – egal ob im Garten oder irgendwo draußen auf einer Wiese. Benutzen Sie den Garten nicht als Entschuldigung für die eigene Bequemlichkeit.

MACHEN SIE SICH RUHIG EIN BISSCHEN DAS LEBEN SCHWER

Es gibt verschiedene Möglichkeiten, das Leben mit Hund unproblematisch zu gestalten. Die Erste: Sie erarbeiten alle möglichen Alltagssituationen mit Ihrem Hund, bis Sie ihn überall hin mitnehmen können und es keine Probleme mehr gibt. Das ist der schwierige Weg, und es dauert seine Zeit.

Die zweite Möglichkeit wird häufiger gewählt. Man geht einfach allen Problemen aus dem Weg. Am besten schon, bevor man es überhaupt versucht hat, spätestens aber, wenn der Hund einmal Schwierigkeiten gemacht hat. Der Hund geht die Treppe nicht runter – also wird Fahrstuhl gefahren. Er mag nicht Auto fahren – also wird er auf Ausflüge nicht mitgenommen. Er knurrt Besucher an – also kommen keine Besucher mehr. Und so weiter.

Es ist einfach, Problemen aus dem Weg zu gehen. Aber die Vermeidungsstrategie führt immer dazu, dass es mehr und mehr Probleme werden. Denn wenn allem aus dem Weg gegangen wird, worauf der Hund mit Ablehnung, Angst oder Widerwillen reagiert, wird der Hund ständig darin bestätigt. Das Verhalten wird sich verstärken, bis kein normaler Alltag mehr möglich ist. Ein vielseitiges Alltagstraining aber führt nicht nur dazu, dass Ihr Hund die einzelnen Situationen kennt und meistert, sondern auch dazu, dass die Bindung zwischen Ihnen und dem Hund immer stärker wird. Ein Hund, der bereits vieles kennt, hat weniger Angst und wird Neues an Ihrer Seite gelassener erleben. Ein souveräner, selbstsicherer Hund hat mehr Lebensqualität. Und seine Menschen auch. Deshalb: Machen Sie sich das Leben lieber schwer als zu einfach! Gehen Sie Problemen nicht aus dem Weg, sondern sehen Sie sie einfach als willkommenen Anlass zum Üben. Geben Sie sich und Ihrem Hund Gelegenheit, über sich hinauszuwachsen und gemeinsam Erfolge zu erleben.

VORSICHT

Vermeidungsstrategien fangen immer ganz klein an! Eine typische Situation bei einer Trainingsstunde mit der 15 Monate alten Viszla Hündin Gila: Die sehr lebhafte Gila war in den Korb geschickt worden und sollte dort einige Minuten ruhig liegen bleiben. Während der kurzen Pause servierte Marianne, ihre Besitzerin, eine Tasse Kaffee – aber anders als sonst gab es keine Milch dazu. Auf Nachfrage gestand sie, dass die Milch leer sei, und um eine neue Tüte aus dem Keller zu holen, müsse sie ja am Hundekorb vorbei. Vor lauter Angst, Gila würde nicht im Körbchen liegen bleiben, verzichtete sie lieber auf die Milch im Kaffee. Natürlich gab es dann doch noch die Milch. Gila wurde beim Vorbeigehen einfach ignoriert und blieb völlig gelassen liegen. Ein Erfolgserlebnis – und Mariannes Vertrauen in ihren Hund wuchs wieder ein kleines Stück. Und das ist allemal besser als schwarzer Kaffee.

Marianne ignoriert Gila – der Hund bleibt liegen.

Kapitel 7:
Der Draht zum Hund – die Leine

DER SCHRITT NACH DRAUSSEN KOMMT NATÜRLICH NICHT ERST DANN, WENN IN DER WOHNUNG ALLE PROBLEME GELÖST SIND. Der Hund muss und soll ja vom ersten Tag an nach draußen. Trotzdem sollten Sie alle Lernschritte in der Wohnung üben und dann nach draußen übertragen. Das gilt auch für das wichtigste Instrument der Hundearbeit: **die Leine**. Die Leine ist für viele Hundebesitzer nichts weiter als ein Instrument der Freiheitsberaubung. Sie verhindert, dass der Hund wegläuft und erlaubt, den Hund dorthin zu lenken oder zu ziehen, wo man ihn haben will. So gehandhabt, ist die Leine für Mensch und Hund negativ besetzt. Kein Wunder, dass so viele Hunde versuchen, sich durch Ziehen zu entziehen. Die Leine wird dann für Mensch und Hund schnell zur Tortur.

Ohne Leine geht es aber auch nicht. In der Menschenwelt dürfen und können sich Hunde nicht gefahrlos frei bewegen – ganz abgesehen von Vorschriften und Verboten. Trotzdem sollte man die Leine nicht einfach als notwendiges Übel ansehen. Natürlich kann man den Hund mit der Leine durch Einsatz schierer Körperkraft am Weglaufen hindern – aber das ist nicht der Sinn und Zweck einer Hundeleine.

Die Leine ist ein Hilfsmittel. Sie ersetzt das, was durch die stärker werdende Bindung mit der Zeit entsteht: eine unsichtbare Verbindung zwischen Hund und Mensch. Durch die Leine stehen wir in Verbindung, mit der Leine kann ich mit dem Hund kommunizieren. Dabei kann sich der Hund bequem und innerhalb der Begrenzung der Leine frei bewegen. Sein selbstständiger Bewegungsablauf wird nicht durch Ziehen

Egal, wie klein der Hund ist – wenn die Leinenführigkeit fehlt, macht der Spaziergang keinen Spaß.

Wenn es nur um Körperkraft geht, kann der Mensch auch mal den Kürzeren ziehen.

an der Leine gestört. Der richtige Umgang mit der Leine muss gelernt und geübt werden – von Mensch und Hund.

Stellen Sie sich vor, die Leine wäre nur ein dünner Bindfaden. Wenn Sie und Ihr Hund beide mit Kraft daran ziehen, wird er reißen. Sie müssen verhindern, dass das passiert, indem Sie dafür sorgen, dass Ihr Hund ohne Kraftaufwand bei Ihnen bleibt.

Im Idealfall haben Sie dafür bereits viel getan (oder sind schon damit beschäftigt). Sie und Ihr Hund haben gelernt, aufeinander zu achten und miteinander zu kommunizieren. Ihre Körpersprache gibt dem Hund Orientierung: Sie zeigen, was (und wohin) Sie wollen. Ihr Hund fühlt sich in Ihrer Gegenwart sicher und ist gerne bei Ihnen. Sie sind für ihn interessant. Das sind die wichtigsten Voraussetzungen für eine gute Leinenführigkeit.

Nun gilt es, dem Hund an der Leine beizubringen, wo und wie er laufen soll. Alles, was Sie tun müssen, ist, dem Hund zu zeigen, was Sie möchten – die Arbeit tut der Hund selbst! Das bedeutet, der Hund wird nicht mit Körperkraft herumgezogen, bis er sich dort befindet, wo er hin soll, z. B. links von Ihnen. Er wird auch nicht an der Leine dorthin gelenkt. Er bekommt ein Signal und folgt diesem Signal, als wäre die Leine gar nicht da. Genauso wenig gehen Sie um den Hund herum (oder steigen gar über

Nur wenn der Hund auf den Leinenführer aufmerksam achtet, ist vernünftige Leinenführung möglich.

Wenn der Hund einfach die Seite wechselt, korrigieren viele Hundebesitzer die eigene Position statt die des Hundes. Statt zu versuchen, irgendwie wieder an die »richtige« Position neben ihren Hund zu kommen, muss Martina hier ihren Lou auffordern, sich wieder an ihre linke Seite zu bewegen. Sonst ist der Hund derjenige, der agiert, der Mensch reagiert – das muss sich umkehren.

ihn drüber), bis Sie rechts von ihm stehen – dann ist das Ergebnis zwar wunschgemäß, aber Sie haben gearbeitet, nicht der Hund. Gelernt hat er dabei nichts.

Die Leine ist ein Führungsmittel, kein Lenkrad!

Achten Sie beim nächsten Spaziergang genau darauf, wie oft Sie Ihren Hund tatsächlich aktiv mit der Leine beeinflussen, bremsen, zu sich ziehen oder lenken, oder die eigene Position zum Hund korrigieren, statt ihn die Arbeit selbst tun zu lassen. Versuchen Sie ganz bewusst, sich in diesen Situationen anders zu verhalten. Rufen Sie den Hund zu sich, statt ihn (und sei es noch so sanft) herbeizuziehen. Zeigen Sie ihm, wo er laufen soll, statt ihn über die Leine dorthin zu dirigieren.

Anfangs erscheint das mühsamer. Der Hund wird eine Weile brauchen, bis er damit beginnt, selbstständig mitzuarbeiten – genauso lange, wie Sie brauchen werden, die unbewusste falsche Handhabung der Leine abzulegen.

Wenn Hund und Mensch durch die Leine verbunden sind, müssen Sie sich zwangsläufig im gleichen Tempo bewegen. Einer von beiden muss sich dem anderen anpassen. Viele Menschen richten sich, oft ohne es zu merken, nach dem Hund, lassen ihn das Tempo und nicht selten sogar die Richtung angeben. Schließlich geht man ja raus, damit der Hund schnüffeln und pinkeln kann. Der Hund bleibt stehen, Sie bleiben stehen. Der Hund geht weiter, Sie gehen weiter. Der Hund agiert – Sie reagieren. Das muss aber genau umgekehrt sein. Denn für den Hund ist es natürlich völlig unverständlich, dass Sie ihm plötzlich in bestimmten Situationen nicht mehr folgen wollen, oder von ihm fordern, ordentlich in Ihrem Tempo zu laufen. Es wird in den meisten Fällen nicht funktionieren – warum sollte es? Der Hund hat schließlich gelernt, dass er das Tempo angibt. Dazu kommt: Wenn Sie kontrolliertes Gehen an der Leine nur in bestimmten Ausnahmesituationen fordern (»Oh Gott, da kommt ein anderer Hund!«) schaffen Sie schnell Erwartungen bei Ihrem Hund (»Er/Sie nimmt die Leine kürzer, gleich passiert etwas Aufregendes/Beängstigendes!«) mit all den unerwünschten Folgen, die das haben kann.

Für den Hund sollte das lockere Gehen an der Leine in Ihrem Tempo der Normalfall sein. Nach eigenem Verlangen schnüffeln oder pinkeln darf er nur dann, wenn Sie es ihm vorher mit dem bekannten Befehl »und lauf!« oder »und ab!« signalisiert haben. Und nach etwa 20 Sekunden geht es weiter – in Ihrem Tempo. Wenn Sie gehen, ist Ihr Blick nicht dauernd beim Hund. Ständig angestarrt zu werden, macht den Hund nur unruhig. Ihre Aufgabe als Chef ist es, den Weg und die Umgebung im Auge zu behalten. Tun Sie das offensichtlich nicht, weil Sie ja nur auf den Hund achten, werden viele Hunde versuchen, die Führung lieber selbst zu übernehmen.

Die Leine ist ein Mittel zur Kommunikation. Sie dient dazu, Informationen zu übermitteln. Sie ersetzt nicht die anderen Verständigungsmöglichkeiten, sondern ergänzt sie nur. Auch wenn Sie Ihren Hund an der Leine haben, zeigen Sie ihm vor allem durch Ihre Körpersprache, was Sie von ihm wollen. Sie wollen geradeaus – Sie gehen geradeaus. Sie wollen nach rechts – Sie gehen nach rechts. Sie erwarten, dass man Ihnen ohne Verzögerung folgt.
Ihre Blick- und Bewegungsrichtung liefern dem Hund die wichtigsten Informationen. Zusätzlich können Sie nach und nach auch verbale Kommandos wie »Langsam!«, »Weiter!« oder »Steh!« einführen.

Aber wie schon bei den anderen Kommandos ist auch und gerade bei der Leinenführigkeit die Körpersprache das Ausschlag gebende Signal für den Hund. Wenn Sie »Weiter!« sagen, aber dabei nicht deutlich anzeigen, dass es jetzt auch wirklich weiter geht, ist auch das Kommando sinnlos.

Das Leinensignal

AM ENDE WIRKLICH GUTER LEINENARBEIT STEHT, DASS MAN (AUSSER WENN ÄUSSERE UMSTÄNDE ES ERFORDERN) EIGENTLICH GAR KEINE LEINE MEHR BRAUCHT. Der Hund reagiert auf Ihre Körpersprache und Stimmkommandos so gut, dass er trotzdem an Sie »gebunden« ist.

Damit ein Hund ohne Leine so läuft, muss er gelernt haben, sehr aufmerksam auf den Menschen zu achten und sich selbstständig nach ihm auszurichten. Er muss selbst die Richtung wechseln, weil er nicht automatisch an der Leine hinterhergezogen wird.

Das lernt der Hund aber nur, wenn er auch an der Leine wirklich frei und selbstständig laufen kann und darf. Wenn er ständig von der Leine bewegt wird, statt sich selbst zu bewegen, wird er nicht lernen, mitzudenken, sondern die lästige Leine ignorieren, wo er eben kann. Das Ziel ist es also, die Leine nicht so einzusetzen, dass sie den Hund lenkt, körperlich von der Stelle bewegt oder gar von den Füßen holt. Die Pfoten bleiben immer auf dem Boden.

Es ist für den Hund nicht nur sehr unangenehm, herumgezogen zu werden. Es verhindert auch den Lernerfolg.

Das Einzige, was die Leine sein sollte, ist ein Hilfsmittel für die Kommunikation mit Ihrem Hund. Gutes Laufen setzt Aufmerksamkeit voraus. Die Leine ist ein Instrument, den Hund auf sich aufmerksam zu machen, besonders dann, wenn der Hund abgelenkt ist und nicht auf Stimme oder Zeichen reagiert.

ANTIPPEN: HALLO, PASS AUF!

Um die Aufmerksamkeit des Hundes auf sich zu lenken, setzen Sie ein kurzes Leinensignal ein. Dazu tippen Sie den Hund kurz mit der Leine an. Das ist nichts weiter als ein kurzes, bestimmtes Rucken ohne Krafteinsatz. Ein Schlenkern mit dem Handgelenk, kein Zurückreißen des ganzen Arms. Das Antippen ist nicht so stark, dass es den Hund aus seiner Bahn wirft, aber stark genug, dass er es deutlich bemerkt. Es erfolgt impulsartig, d. h., die Leine hängt vorher und nachher sofort wieder durch. Stellen sie sich vor, Sie sind in einer sehr lauten Umgebung und möchten einen Bekannten auf sich aufmerksam machen. Er kann Sie nicht hören und Ihre Zeichen nicht sehen, weil er woanders hinschaut. Also tippen Sie ihm kurz auf die Schulter. Er wird sich umdrehen, Sie anschauen und Sie können nun miteinander kommunizieren. Genau das wollen Sie durch das Antippen mit der Leine erreichen.

Ein abgestumpfter Hund oder ein Hund, der sehr stark auf Ablenkung reagiert, nimmt ein zu höfliches Antippen wahrscheinlich erst mal überhaupt nicht zur Kenntnis. Dann darf das Antippen auch kräftiger ausfallen: statt einem »Hallo?« ein »Pass mal auf!«. Trotzdem bleibt es ein Antippen – es wird nicht so stark, dass der ganze Hund dadurch bewegt wird, und das Signal wird auf keinen Fall länger. Bestehen Sie stattdessen auf einer Reaktion, indem Sie den Hund erneut antippen. Immer wieder, immer schneller hintereinander, bis er Sie beachtet. Richtig ausgeführt, wird der Hund bald immer feiner auf das Antippen reagieren.

KEIN DAUERZUG!

Auf diese Art können Sie nur mit Ihrem Hund kommunizieren, wenn die Leine nicht unter Spannung steht. Es ist enorm wichtig, Dauerzug an der Leine zu vermeiden. Für Hunde, die sich das Ziehen bereits angewöhnt haben, ist das Schleppleinentraining gut geeignet, siehe Seite 135. Dauerzug ist für Mensch und Hund extrem unangenehm und wird schnell zum Teufelskreis – der eine zieht, der andere zieht dagegen. Der Hund versucht irgendwann nur noch, der Situation durch Flucht nach vorn zu entkommen und zieht noch mehr, der Mensch hält dagegen.

Zug erzeugt immer Gegenzug. Wenn Sie in dieser Situation versuchen, auf den Hund mit der Leine einzuwirken, wird das kein Tippen, sondern ein heftiges Zerren. Sie brauchen viel zu viel Kraft und Sie können gar nicht anders, als den ganzen Hund aus dem Gleichgewicht zu bringen.

Probieren Sie mal selbst aus, wie sich das anfühlt. Legen Sie sich die Leine um den Arm. Ein Helfer nimmt das andere Ende. Laufen Sie los und imitieren Sie den ziehenden Hund. Schnell gerät die Leine unter Zug. Weil Sie sich gegen den Druck stemmen, sind Sie nicht mehr sicher in der Balance. Wenn Ihr Helfer jetzt ruckartig zieht, werden Sie regelrecht aus der Bahn geworfen.

Für Hunde ist der Effekt wegen ihrer geringeren Körpermasse noch viel gravierender.

Der Hund, durch das Zerren und Rucken kurzzeitig aus dem Gleichgewicht gebracht, wird sofort versuchen, die Balance wieder zu finden, indem er sich noch mehr in die Leine hängt.

Ganz anders fühlt es sich an, wenn Ihr Helfer den Zug vorher wegnimmt. Wieder ziehen Sie – als der Hund – an der Leine. Der Helfer gibt dem Druck sofort kurz nach, die Leine hängt durch, und Sie befinden sich auf Ihren eigenen Beinen im Gleichgewicht. Im nächsten Moment kommt das Antippen.

Jetzt können Sie das Signal wahrnehmen und darauf reagieren, indem Sie langsamer werden oder stehen bleiben und Ihren Helfer anschauen. Der Teufelskreis ist durchbrochen. Viele Hunde haben bereits gelernt, sich mit ihrem ganzen Gewicht in die Leine zu hängen.

Dauerzug bringt beide Seiten aus dem Gleichgewicht. Das fühlt sich sehr unangenehm an und verleitet dazu, sich noch stärker gegen den Druck zu stemmen. Darum hängen sich so viele Hunde mit ihrem ganzen Gewicht in die Leine.

Wenn Hund und Mensch nun kräftig ziehen und beide dabei immer schneller werden, wird das Nachgeben der Leine natürlich immer schwieriger. Reagieren Sie deshalb schon auf die ersten Ansätze zum Ziehen und vor allem sofort, spätestens in dem Moment, in dem die Leine nicht mehr locker durchhängt und bevor sich Zug aufbaut. Das kann anfangs durchaus schon beim ersten Schritt sein.

Korrigieren Sie konsequent, aber bleiben Sie dabei nicht stehen, sondern gehen Sie stetig und gleichmäßig weiter.

Nur, wenn Sie Dauerzug und dauerndes Einwirken über die Leine vermeiden, können Sie über das Antippen Kontakt zu Ihrem Hund aufnehmen. Begleiten Sie das Leinensignal mit einem Stimmkommando, z. B. »Langsam!«, wenn der Hund zu schnell wird und gleich ins Ziehen

Je intensiver Sie zuhause und im Alltagstraining daran arbeiten, die Aufmerksamkeit Ihres Hundes zu verbessern, umso schneller wird sich der Erfolg auch bei der Leinenführigkeit einstellen.

kommt, »Weiter!«, wenn der Hund stehen geblieben ist oder trödelt, »Hier!« wenn er zu Ihnen oder an Ihre linke (oder rechte) Seite kommen soll.

Mit der Zeit sollte das Antippen immer seltener nötig sein, der Hund wird immer aufmerksamer auf Ihre Stimmkommandos und vor allem auf Ihre Körpersprache achten – bis er sich schließlich an Ihnen so orientiert, dass die Leine immer locker durchhängt und der Hund sich im Grunde frei bewegt, während er selbstständig darauf achtet, an Ihrer Seite zu bleiben.

Ein kurzes Antippen an der sonst lockeren Leine macht aufmerksam, ohne die Balance zu stören.

1. Holly neigt dazu, an der Leine plötzlich aggressiv loszuspringen, wenn sie einen anderen Hund sieht. Besitzerin Margit hält dagegen – sofort geraten die beiden in ein Kräftemessen. Hollys aggressives Verhalten wird durch den Stress an der Leine nur noch schlimmer.

2. Korrektur: Beim Vorbeiführen an einem anderen Hund lasse ich die Leine locker, und ziehe Hollys Aufmerksamkeit auf mich.

4. Sobald der Hund wieder nach vorne drängt, kommt erneut das Leinensignal.

5. Holly unternimmt keinen weiteren Versuch, sich mit aller Kraft in die Leine zu werfen.

3. Trotzdem springt Holly los. Sie kann sich aber nicht wie gewohnt einfach in die Leine hängen, um dem anderen Hund zu drohen, sondern springt erst mal ins Leere, weil der Gegenzug fehlt. Mitten im Sprung kommt nun das Leinensignal bei ihr an. Mein Antippen ist zwar deutlich, aber lange nicht stark genug, um den Hund von den Füßen zu reißen. Holly hat sich selbst mit aller Kraft und einem großen Sprung nach vorne gegen den erwarteten Gegenzug der Leine geworfen, ich tue nichts weiter, als ihre eigene Bewegungsenergie mit einem Leinenimpuls umzuleiten: weg vom anderen Hund und zurück zu mir. Für Holly ist das eine ziemliche Überraschung, die sie gehörig beeindruckt. Selbst bei einem Hund wie Holly, die an der Leine bereits sehr abgestumpft war, geht es beim Einsatz des Leinensignals nicht um Kraft, sondern darum, den richtigen Moment zu erwischen.

6. Jetzt hört Holly zu. Sie lässt sich vom Objekt ihrer Angriffslust ablenken und wendet mir ihre Aufmerksamkeit zu.

7. Holly hat meine Führung akzeptiert und lässt sich ruhig an dem anderen Hund vorbeiführen. Die Übungseinheit hat weniger als fünf Minuten gedauert.

Die Ausrüstung

ES GIBT JEDE MENGE HILFSMITTEL ZUR VERBESSERUNG DER LEINENFÜHRIGKEIT. Einige verbieten sich von selbst, wie Stachel- oder Elektrohalsbänder. Im Grunde ist es nicht entscheidend, mit welcher Leine oder welchem Halsband Sie arbeiten – Sie sind allesamt nichts anderes als eben Hilfsmittel, ob sie zum Erfolg führen oder nicht, hängt ganz allein von der Handhabung ab.

Sie sollten sich mit Ihrer Ausrüstung wohl fühlen. Ziel jeder guten Hundearbeit sollte es sein, mit immer weniger Hilfsmitteln auszukommen und immer weniger auf den Hund direkt einzuwirken. Welche Ausrüstung geeignet ist, hängt also immer vom jeweiligen Hund und seinem Ausbildungsstand ab.

HALSBAND ODER GESCHIRR?

Um den Hund über ein Brustgeschirr korrekt führen zu können, muss bereits ein gewisser Ausbildungsstand erreicht sein. Über das Geschirr kommt ein leichtes Antippen bei einem unsensiblen Hund nicht an – um seine Aufmerksamkeit zu bekommen, müssen Sie dann womöglich schon so heftig rucken, dass der Hund aus dem Gleichgewicht gebracht wird oder vorne hoch kommt. Das ist dann aber kein signalartiges Antippen mehr und verfehlt seine Wirkung.

Um ohne Kraftaufwand zum Hund durchzukommen, beginne ich die Ausbildung mit dem Führen über den Hals. Das leichte Antippen am Halsband erkennt der Hund viel schneller als ein Signal, auf mich zu achten. Mit dem Brustgeschirr ist die Gefahr größer, dass der Hund sich gegen den Druck stemmt und ins Ziehen kommt. Erst, wenn der Hund am Halsband gelernt hat, locker an der Leine zu laufen, ist die Kommunikation gut genug, um auf das »schwammigere« Geschirr umzustellen.

Das Geschirr wird aber oft gewählt, weil der Hund sich bereits angewöhnt hat, zu ziehen. So wird vermieden, dass sich der Hund ins Halsband hängt. Mit dem Brustgeschirr wird er aber immer noch ziehen – die Ursachen sind damit nicht abgestellt, die Korrektur wird aber schwieriger.

Wenn Sie ein Brustgeschirr nutzen, weil Sie Sorge haben, einen ungestümen Hund am Halsband allein nicht halten zu können, können Sie beim Üben mit dem Halsband arbeiten und das andere Ende der Leine oder eine zweite Leine zur Sicherheit einfach ins Brustgeschirr einhaken.

Das lockere Laufen am Geschirr muss erarbeitet werden.

DIE ARBEITSLEINE

Eine Arbeitsleine, Moxonleine oder Zugleine ermöglicht feinere Signale als ein normales Halsband, weil sie sich beim Antippen kurz zusammenzieht und sofort wieder öffnet. Sie verhindert, dass Sie viel Kraft einsetzen müssen, damit Ihr Signal beim Hund ankommt.

Je weniger Kraft Sie einsetzen, umso geringer ist die Gefahr, dass es wieder zum Teufelskreis Zug-Gegenzug kommt. Durch das sofortige Öffnen der Schlaufe bekommt der Hund nicht nur das Antippen, sondern auch das Lösen des Drucks deutlicher mit. Er spürt, dass Druck auf seinem Hals entsteht, wenn die Leine unter Zug kommt, und dass er selbst dafür sorgen kann, dass der Druck nachlässt. Er bekommt also eine sehr klare Rückmeldung, ob er korrekt läuft, auch dann, wenn Sie gar nicht aktiv korrigieren. Mit der Arbeitsleine lässt sich das lockere Laufen an der kurzen Leine gut erarbeiten. Wenn Sie mit Ihrem Hund im Schleppleinentraining bereits eine Grundaufmerksamkeit erarbeitet haben, wird er dabei schon nicht mehr heftig ziehen. Dauerzug müssen Sie natürlich vermeiden – wie mit jedem anderen Halsband auch.

Wichtig bei der Zugleine ist das korrekte Anlegen. Nur dann kann sich die Schlaufe schnell wieder öffnen.

So angelegt, wird die Schlaufe sofort wieder locker.

Falsch. So zieht sich die Schlaufe fest.

Selbstverständlich ist die Arbeitsleine bei all ihren Vorteilen kein MUSS für eine gute Leinenführigkeit. Wählen Sie die Ausrüstung, mit der Sie sich wohl fühlen und zurechtkommen.

Ebenso wenig ist eine Arbeitsleine die Lösung aller Probleme! Solange Sie Ihren Hund nur mit großem Kraftaufwand und ständigem Gezerre an der Leine führen können, wird auch eine Zugleine die Situation nicht verbessern. (Achtung: Alle Leinen, die Sie verwenden, müssen eine Zugbegrenzung enthalten, damit der Hund keinesfalls gewürgt wird.) Vor allem dann, wenn sie falsch gehandhabt wird und sich im Dauerzug festzieht. Das ist nicht nur schädlich für den Hund, sondern auch völlig sinnlos. Als Instrument, um den Hund nur irgendwie unter Kontrolle zu halten, ist eine Arbeitsleine nicht geeignet. Wenn Sie gravierende Probleme mit der Leinenführigkeit haben, müssen Sie an den grundlegenden Erziehungsbausteinen arbeiten, vor allem an der Aufmerksamkeit des Hundes. Das fängt nicht erst beim Spaziergang an. Ein Hund, der schon in der Wohnung unaufmerksam ist, wird unter Ablenkung erst recht nicht auf den Menschen achten. Daran ändert auch eine Zugleine nichts. Arbeiten Sie deshalb schon zu Hause intensiv mit Ihrem Hund. Fangen Sie damit an, über das Futterspiel eine stabile Bindung aufzubauen. Die Leinenführigkeit baut auf den übrigen in diesem Buch beschriebenen Lernschritten auf und wird ohne sie nicht funktionieren.

Wenn Ihr Hund sich das dauernde starke Ziehen bereits angewöhnt hat, ist das Schleppleinentraining am besten geeignet, um das Verhaltensmuster zu durchbrechen. Verwenden Sie aus Sicherheitsgründen an der Schleppleine kein Zughalsband! Sobald eine Grundaufmerksamkeit erreicht ist, können Sie mit der Arbeit an der kurzen Leine beginnen.

Um dem Hund die Luft abzuschnüren, wie manchmal befürchtet wird, müssten Sie schon sehr heftig zulangen – trotzdem ist natürlich mit einer Zugleine, auch wenn sie eine Zugbegrenzung enthält, Sorgfalt angebracht. Aber auch das Ziehen und Zerren mit jedem anderen Halsband oder Geschirr ist für den Hund unangenehm und schädlich. Bei verantwortungslosem Umgang wird jedes Hilfsmittel zur Qual. Mir ist es ganz recht, wenn Hundebesitzer Respekt vor der Zugleine haben. Viele gehen dann nämlich endlich etwas einfühlsamer mit ihrem Hund um. Die Moxonleine (Halsband und Leine in einem) dient dazu, kurze, deutliche Impulse zu geben und so mit dem Hund zu kommunizieren. Dasselbe sollte für jede Leine und jedes Hilfsmittel gelten! (Auch diese Leine muss eine Zugbegrenzung enthalten.)

Wenn Sie den Umgang mit einer Arbeitsleine bereits gewohnt sind, können Sie sie bereits ab dem Welpenalter einsetzen. Für Ungeübte empfehle ich, eine Moxonleine erst ab einem Alter von etwa sechs Monaten zu benutzen. Auch und gerade für junge Hunde gilt: Die Arbeitsleine ist nicht dazu da, Erziehungsdefizite an anderer Stelle auszugleichen. Achten Sie auf Ihren Hund und wählen Sie die Ausrüstung, mit der Sie am besten zurechtkommen.

BITTE KEINE ROLL-LEINE ...

Leinen, die sich automatisch aufrollen, sind beliebt, weil sie dem Hund scheinbar die große Freiheit ermöglichen. Sie sind aber unhandlich in der Handhabung und verleiten den Hund zum Ziehen. Die Leine steht immer unter leichtem Zug, der Hund überwindet diesen durch Gegenzug und lernt nicht, die Leine als Begrenzung zu akzeptieren. Wenn Sie Ihrem Hund mehr Bewegungsfreiheit gewähren wollen, benutzen Sie besser eine Schleppleine.

DIE SCHLEPPLEINE

Die lange Schleppleine ermöglicht zuerst einmal viel Bewegungsfreiheit und trotzdem Kontrolle über den Hund. Außerdem ist das Schleppleinentraining ideal, um an der Aufmerksamkeit des Hundes zu arbeiten. Schleppleinen gibt es in verschiedenen Längen und Dicken. Ich nutze meist eine Fünfmeterleine, bei kleinen Hunden ist auch eine kürzere Leine ausreichend. Je kleiner der Hund, umso leichter sollte auch die Leine und vor allem der Karabinerhaken sein. Bei Hunden, die dringend viel freie Bewegung brauchen, aber nicht von der Leine gelassen werden können, kann man auch mal zu einer 10 oder 15 Meter langen Leine greifen

Leinenführigkeit erarbeiten

WIE ALLES ANDERE AUCH, WIRD DIE LEINENFÜHRIGKEIT AM BESTEN ZUERST IN DER WOHNUNG GEÜBT.
Draußen, wenn der Hund auf vielfältige Weise abgelenkt wird, ist es ungleich schwieriger, Neues zu lernen.

Es ist wichtig, die Leine positiv zu besetzen. Beim Welpen können Sie von Anfang an dafür sorgen. Aber auch ältere Hunde können davon profitieren, wenn Sie das Thema Leine neu erarbeiten.

Für die meisten Hunde ist das Anlegen von Halsband oder Geschirr und Leine ein Signal, dass es jetzt rausgeht. Eine Aktion, die mit allgemeiner Aufregung verbunden ist. Da wird mühsam versucht, den aufgeregten Hund einigermaßen unter Kontrolle zu bekommen, um die Leine anzulegen. Geht die Tür auf, stürmt der Hund voraus auf die Straße und hat die Nase bereits am Boden. Wenn der Spaziergang schon so anfängt, warum sollte der Hund Sie den Rest des Weges überhaupt noch beachten?

Die Erwartung des Hundes ist wie ein unabsichtlich installiertes Kommando: Ich greife nach der Leine – du stürmst zur Tür und bellst! Diese Erwartung müssen Sie erst wieder löschen oder besser gar nicht erst entstehen lassen.

Bereits das Anleinen soll ruhig und ohne Gezappel ablaufen. Leinen Sie den Hund immer schon in der Wohnung an. Lassen Sie ihn nicht die Treppe runter, zum Hoftor oder zur Gartentür vorauslaufen. Auch dieser Teil des Weges wird gemeinsam und gesittet zurückgelegt.

Vor dem Verlassen der Wohnung sollte man gerade von ungestümeren Hunden ruhiges Sitzen und Abwarten fordern.

Rufen Sie den Hund zu sich, lassen ihn sitzen und leinen ihn in Ruhe an. Und dann auch gleich wieder ab. Verbinden Sie das Anleinen mit einem Futterspiel. Führen Sie das Halsband sachte über den Kopf, während der Hund aus Ihrer Hand frisst – so können Sie auch einen Welpen ganz spielerisch ans Halsband gewöhnen. Gehen Sie mit dem Hund an der Leine in der Wohnung umher. Führen Sie den Hund auf seinen Platz oder zum Futter. Lassen Sie ihn an der Leine fressen. Machen Sie die Leine auf diese Weise angenehm und ganz alltäglich. Achten Sie auf Abwechslung – nicht auf jedes Anleinen folgt ein Spaziergang. Nicht jedes Mal, wenn Sie mit dem Hund zur Tür gehen, verlassen Sie die Wohnung. Wenn Sie die Wohnung verlassen, kehren Sie auch mal nach ein paar Schritten schon wieder um.

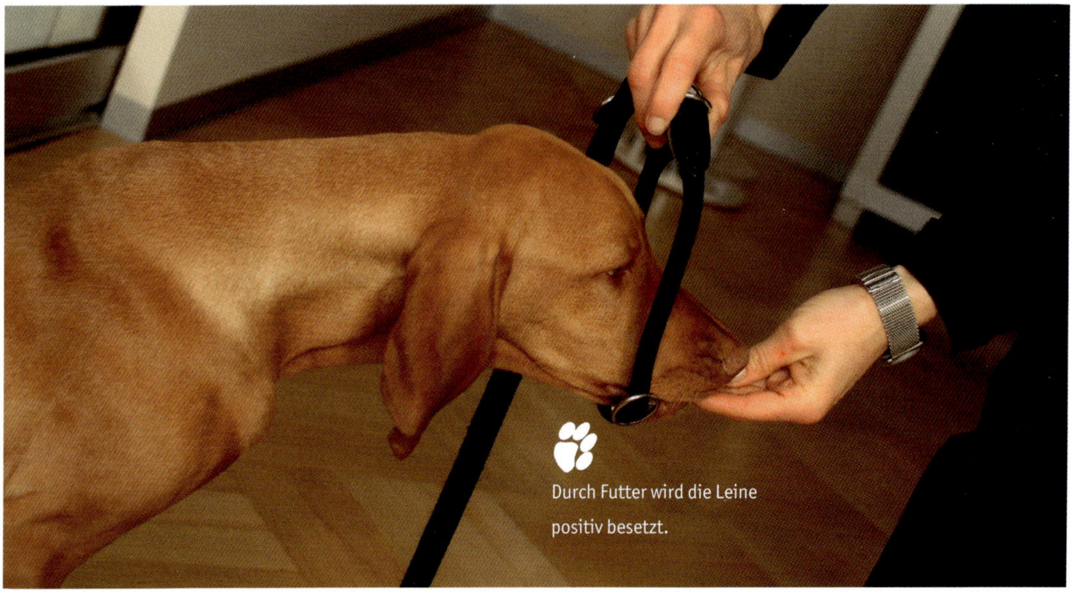

Durch Futter wird die Leine positiv besetzt.

Dasselbe gilt auch für das Nachhausekommen. Machen Sie auf dem Heimweg öfter mal kurz vor dem Haus wieder kehrt. Betreten Sie die Wohnung gemeinsam, lassen Sie auch hier den Hund nicht vorauslaufen. Leinen Sie den Hund außerdem nicht jedes Mal sofort am Eingang wieder ab, sondern lassen ihn auch mal noch ein wenig an der Leine. Wenn das Losgehen und Heimkommen nicht immer gleich ablaufen, durchbrechen Sie schnell die Erwartungen Ihres Hundes und er wird immer mehr darauf achten, was Sie wohl als Nächstes tun. Solange der Hund an der Leine ist, fordern Sie lockeres Laufen ohne Ziehen, ob in der Wohnung oder draußen.

Das Ableinen läuft genauso geordnet ab wie das Anleinen. Auch hier holen Sie sich jedes Mal die Aufmerksamkeit des Hundes, lassen ihn sitzen und leinen ihn erst dann ab. Das Ableinen ist kein Signal zum Losrennen! Erst der vertraute Befehl »und ab!« oder »lauf!« bedeutet für den Hund, dass er sich nun frei bewegen darf. Vorher soll er bei Ihnen bleiben. Tut er das nicht, rufen Sie ihn wieder zurück und beginnen von neuem. Es lohnt sich, von Anfang an auf diese vermeintlichen Kleinigkeiten zu achten. Nur so lernt der Hund, dass es selbstverständlich ist, bei Ihnen zu bleiben, und nicht nur durch die Leine erzwungen wird.

Es ist wichtig, immer auf kontrolliertes An- und Ableinen zu achten und das häufig zu üben. Auch und gerade in Situationen, in denen der Hund abgelenkt ist.

Wenn der Hund die Leine als positiv kennen gelernt hat, gibt ihm diese direkte Verbindung zum Menschen Sicherheit. Neue Erfahrungen macht der Hund deshalb am besten an der Leine.

Beidhändige Leinenführung

DIE HANDHABUNG DER LEINE

Richtig gehandhabt, ist die Leine ein feiner Draht, ein Kommunikationskanal zum Hund. Ebenso übertragen sich aber auch Stress und Hektik über die Leine. Eine unruhige Leinenführung bedeutet, dass der Hund ständig Druck von oben bekommt, aber keine eindeutigen Signale. Der Hund ist verwirrt und versucht, der unangenehmen Situation zu entkommen – und schon sind Sie wieder im Dauerzug. Eine deutliche Körpersprache und klare Stimmkommandos sind wie immer das Entscheidende.

Bei der Führung der Leine kommt es besonders auf die Hände und Arme an. Wenn Sie noch viel korrigieren müssen, zum Üben und in schwierigen Situationen, führen Sie die Leine beidhändig.

Ob Ihr Hund rechts oder links von Ihnen läuft, ist im Grunde egal. Sie sollten sich aber auf eine Seite festlegen und dabei bleiben. Auch andere Personen, die mit dem Hund spazieren gehen, sollten dieselbe Seite wählen. Wenn der Hund Prüfungen ablegen soll, muss er links laufen, dann sollten Sie das auch von Anfang an so einüben. Eine Ausnahme ist natürlich das Fahrradfahren. Neben dem Fahrrad läuft der Hund immer rechts, auf der dem Verkehr abgewandten Seite, auch wenn er sonst links geführt wird.

Wenn der Hund locker läuft, reicht eine Hand. Läuft der Hund rechts, die Rechte, läuft er links, die Linke – probieren Sie aus, womit Sie besser zurechtkommen.

Egal ob ein- oder beidhändig: Die Hände sollen immer unten bleiben, die Arme locker aus dem Oberkörper fallen. Wenn Sie die Arme hochnehmen, bringen Sie mehr Zug nach oben auf das Halsband und holen schnell den Hund von den Füßen. Herumfuchteln macht den Hund unsicher, Hochreißen der Arme animiert ihn zum Hochspringen.

Jede Bewegung der Arme und Hände überträgt sich auf den Hund. Zu viele und unkontrollierte Bewegungen vermitteln sich über die Leine als Druck und Stress, aber nicht als sinnvolle Kommunikation. Üben Sie, die Hände ruhig zu halten und nicht unabsichtlich am Hund zu zupfen, zu zerren oder zu ziehen. Nur, wenn Arm und Hand locker sind, können Sie das Leinensignal richtig geben.

Ihre Arme sollten stets am Körper bleiben. Der Arm ist keine Verlängerung der Leine. Man sieht das häufig: Der Hund bewegt sich an der Leine irgendwohin. Wenn er das Ende der Leine erreicht hat, geht der Arm des Menschen noch mit und vergrößert nochmals den Bewegungsradius. Erst dann trifft der Hund auf Widerstand. Er hat nun gelernt, dass er ein bisschen weiter gehen kann, als es die Leine eigentlich zulässt –

er soll aber lernen, dass das Ende der Leine ihn begrenzt. Mit dem ausgestreckten Arm ist es jetzt unmöglich, ein Leinensignal aus dem lockeren Handgelenk zu geben. Stattdessen wird der ganze Arm eingeholt und dabei der Hund mitgezerrt.

Besser: Wenn der Hund das Ende der Leine erreicht hat, gibt die Hand nicht auch noch nach. Der Arm folgt nicht der Bewegung des Hundes, sondern bleibt am Körper. Wenn der Hund die Leine respektiert, wird er nachgeben, sobald er das Ende der Leine erreicht hat. Gibt er nicht nach, kann nun die Hand die Leine antippen und die Aufmerksamkeit des Hundes fordern.

Die Leine bleibt immer in derselben Hand. Wechselt der Hund die Seite, korrigieren Sie den Hund durch Antippen und das Kommando »Hier!« und lassen ihn selbstständig wieder an Ihre Seite kommen.

SCHLEPPLEINENTRAINING

An der Fünfmeter-Schleppleine lernt der Hund, auf Sie zu achten. Für das Schleppleinentraining trägt der Hund ein normales Halsband oder ein Geschirr. Üben Sie irgendwo, wo Sie viel Platz haben und für den Anfang nicht zu viel Ablenkung herrscht.

Halten Sie das Ende der Schleppleine in der Hand, der Rest fällt lose auf den Boden. Der Sinn einer Schleppleine liegt darin, dass der Hund sie hinter sich herschleppt – erst, wenn die Leine zu Ende ist, trifft er auf Widerstand. Das ist etwas ganz anderes, als wenn Sie die Leine aufgerollt in der Hand halten und jedes Mal ein wenig mehr Leine geben, wenn der Hund das Ende erreicht hat. Dann macht der Hund die Erfahrung, dass er jedes Mal ein bisschen mehr Spielraum bekommt, sobald er ihn einfordert. Das Spiel funktioniert aber genau umgekehrt: Sie bestimmen, wie lang die Leine ist, nicht der Hund. Ein gut trainierter Hund hat gelernt, selbstständig im Radius der Leine zu bleiben – ganz egal, wie lang oder kurz diese jeweils ist.

Der Hund hat nun einen großen Bewegungsspielraum, den er auch ausnutzen darf. Ihre Aufgabe ist jetzt, zügig zu gehen und den Hund dabei komplett zu ignorieren. Das bedeutet auch, den Hund überhaupt nicht anzuschauen. Egal, was nun passiert: Sie bleiben nicht stehen. Ob der Hund schnüffelt, nach einem anderen Hund schaut, stehen bleibt – Sie gehen einfach weiter. Je weniger Sie den Hund dabei beachten und je entschlossener Sie gehen (Körperspannung!), um so eher wird der Hund Ihnen folgen. Gehen Sie auch weiter, wenn der Hund sich gegen den Zug der Leine stemmt. Sie ziehen nicht dagegen – Sie laufen einfach nur weiter. Drehen Sie sich nicht zum Hund um. Sehen Sie nicht nach, was den Hund gerade ablenkt, damit würden Sie ihm nur signalisieren, dass dort tatsächlich etwas Wichtiges ist. Sprechen Sie auch nicht mit dem Hund, locken Sie nicht, schimpfen Sie nicht, rufen Sie nicht und loben Sie auch nicht, wenn er kommt. Der Hund wird einfach komplett ignoriert.

Viele Menschen beobachten ständig ihren Hund. Das macht den Hund nicht nur nervös, sie verweigern ihm damit auch eine wichtige Information. Ihre Blickrichtung verrät dem Hund, wohin Sie gehen. Schauen Sie also immer dahin, wohin Sie gehen wollen.

Beobachten Sie den Hund aus den Augenwinkeln, ohne ihn direkt anzuschauen. Immer wenn der Hund das Ende der Leine fast erreicht hat – egal in welcher Richtung – wechseln Sie Ihre eigene Bewegungsrichtung. Und zwar so eindeutig wie möglich. Führen sie zackige 90- oder 180-Grad-Wendungen aus, keine sanften Kurven. Blick und Körper zeigen ganz klar die neue Bewegungsrichtung an. Sie bleiben nicht stehen, sondern gehen im gleichen zügigen Tempo weiter. Durch die schnellen Richtungswechsel wird der Hund sehr schnell aufmerksamer und

Entschlossenes Gehen und deutlich ausgeführte Richtungswechsel machen den Hund aufmerksam. Silky Terrier Cardo beginnt sehr schnell, Annette zu beobachten und passt sich ihrer Bewegung an.

wird Ihrer Bewegung immer schneller folgen. Am Anfang folgen die Richtungswechsel rasch aufeinander. Schon bald wird der Hund aber von sich aus darauf achten, wie viel Spielraum er eigentlich hat. Jetzt können Sie diesen auch variieren, und die Schleppleine mal kürzer, mal länger nehmen. Es geht ja nicht darum, dass der Hund lernt, einen Fünfmeter-Radius zu akzeptieren, sondern die jeweilige Länge der Leine. Wenn Sie bemerken, dass die Aufmerksamkeit des Hundes nachlässt, bauen Sie wieder einige schnelle Richtungswechsel ein.

An der Schleppleine muss der Hund nicht ständig exakt auf einer Seite laufen. Allerdings soll er Ihnen auch nicht vor den Füßen herumspringen. Es ist nicht Ihre Aufgabe, Zusammenstöße zu vermeiden, sondern die des Hundes. Spielen Sie auch in diesem Fall das Ignoranzspielchen – so als wären Sie ein rollender Felsbrocken, eine Naturgewalt. Sie gehen in jedem Fall geradeaus weiter – einfach durch den Hund hindurch. Ohne Vorwarnung, ohne ihn auch nur

anzuschauen, ohne zu sprechen. Es ist ja nicht so, dass der Hund nicht in der Lage wäre, auszuweichen – Hunde verfügen über sehr schnelle Reaktionen. Er hat nur einfach bisher die Erfahrung gemacht, dass Sie entweder stehen bleiben oder um ihn herumgehen. Wenn das nun nicht mehr der Fall ist, wird er das sehr schnell bemerken.

Beim Schleppleinentraining geht es um Aufmerksamkeit. Dazu gehört auch, dass der Hund lernt, auf Hindernisse zu achten. Wenn Sie an einem Baum rechts vorbeigehen, muss das auch der Hund tun. Ist er bereits links daran vorbei, muss er zurückkommen und Ihrem Weg folgen. Fordern Sie Ihren Hund auf, sich wieder aus dem Hindernis »auszufädeln«. Sie können ihm dabei helfen, indem Sie den Weg ein Stück zurückgehen. Aber mogeln Sie nicht, indem Sie schnell die Leine um den Baum führen oder doch dem Hund folgen. So werden nur Sie aufmerksamer, nicht der Hund.

Unterbrechen Sie das Schleppleinentraining ab und zu. Bleiben Sie stehen, rufen Sie den

Hund zu sich (setzen Sie dazu das Leinensignal ein, aber ziehen Sie ihn nicht an der Leine zu sich), üben Sie Sitz oder Platz, loben und belohnen Sie den Hund ausführlich dabei oder spielen Sie eine Runde. Jetzt bekommt er jede Menge Aufmerksamkeit! Dann gehen Sie weiter (Kommando »und komm!« nicht vergessen) und ignorieren den Hund einfach wieder.

Jeder Spaziergang wird interessanter, wenn Sie sich immer wieder mit dem Hund beschäftigen und kleine Spielchen einbauen – allerdings auf Ihre Initiative hin, nicht auf die des Hundes.

Bei diesem Training stellen sich Erfolge oft verblüffend schnell ein. Das Schleppleinentraining macht dem Hund Spaß und nimmt sehr viel Stress aus der Situation, vor allem, wenn der Hund sich bereits angewöhnt hatte, zu ziehen. Der Mensch ist gezwungen, seine Körpersprache einzusetzen, der Hund kann sich ohne Dauerzug frei bewegen und lernt, prompt auf den Menschen zu reagieren. Viele Hunde laufen lieber mit einem gewissen Abstand zum Menschen und tun sich an der Schleppleine einfach leichter. Je besser Hund und Mensch mit der Schleppleine klarkommen, umso einfacher wird auch das Laufen an der kurzen Leine.

Bei Holly und ihrer Besitzerin Margit zeigt sich an der Schleppleine sofort ein viel positiveres Bild als zuvor. Hund und Mensch sind wie befreit. Margits Anspannung überträgt sich nicht mehr über die Leine auf den Hund, Holly wird ruhiger, Margit entspannt sich ebenfalls – der Teufelkreis Zug-Gegenzug-Stress ist durchbrochen. Holly reagiert ausgezeichnet auf Margits jetzt viel deutlichere Körpersprache und bleibt von sich aus aufmerksam in ihrer Nähe, statt ihre neue Freiheit auszunutzen. Für die anderen Hunde interessieren sich beide auf einmal kaum noch.

DIE KURZE LEINE

Ordentliches Laufen an der kurzen Leine verlangt dem Hund mehr Aufmerksamkeit und Konzentration ab. Auch der Mensch muss schneller reagieren als an der Schleppleine. Wenn Sie eine Grundaufmerksamkeit an der Schleppleine bereits erarbeitet haben, können Sie mit einem Zughalsband feinere Signale ge-

Australian Shepherd Lou lernt, nicht mehr an der Leine zu ziehen und auf Martina zu achten. Lou hat bisher die Erfahrung gemacht, dass er an der Leine Tempo und Richtung weitgehend bestimmen kann, ohne sich um Martina zu kümmern. Hier bewegt er sich immer weiter vor, seine Aufmerksamkeit ist überall, nur nicht bei Martina. Gleich wird die Leine unter Zug geraten. Jetzt muss Martina den Hund durch das Leinensignal aufmerksam machen und auffordern, langsamer zu laufen. Das geht nur, wenn ihr Arm am Körper bleibt und nicht dem Hund nachgibt.

Hier versucht Lou, die Seite zu wechseln. Martina geht geradeaus weiter und gibt Lou mit einem Leinensignal zu verstehen, dass er auf sie achten soll. Für beide ist diese Arbeit noch sehr neu, aber Lou wirkt bereits aufmerksamer.

ben und kommen besser zum Hund durch als mit einem normalen Halsband.

Der Übergang von der Schleppleine zur kurzen Leine ist fließend. Der Hund hat bereits gelernt, auch in kürzerem Abstand die Leine zu achten. An der kurzen Leine soll der Hund nun locker neben Ihnen in Ihrem Tempo gehen. Geben Sie dem Hund sofort mit einem Antippen der Leine und dem Stimmkommando »langsam!« eine Rückmeldung, dass er langsamer gehen soll, sobald er sich maximal eine Körperlänge nach vorne bewegt hat. Das Signal kommt, bevor Zug auf der Leine entsteht.

Auch an der kurzen Leine bleiben Sie nicht stehen, um den Hund zu korrigieren! Das lockere Laufen lernt der Hund nur in der Bewegung. Achten Sie darauf, nicht immer schneller und schneller zu werden, sondern bei Ihrem Tempo zu bleiben. Zeigen Sie klar durch Ihre Körpersprache die Richtung an.

An der Schleppleine hatte der Hund genug Zeit und Spielraum, um auch mal herumzuschnüffeln. An der kurzen Leine nicht. Solange Sie ihm nicht ausdrücklich die Erlaubnis dazu geben (Kommando »und lauf!«), muss der Hund an Ihrer Seite bleiben. Erkennen Sie frühzeitig, ob sich der Kopf wegdreht oder die Nase zum Boden wandert und fordern Sie bereits in diesem Moment die Aufmerksamkeit des Hundes wieder ein. Sie bleiben nicht stehen, wenn der Hund stehen bleibt, und lassen ihn nicht die Richtung beeinflussen. Zeigen Sie deutlich, was Sie wollen, und setzen Sie das auch unbedingt konsequent durch – ruhig, aber bestimmt.
Ist der Hund sehr unaufmerksam oder zieht hartnäckig, ohne Sie überhaupt wahrzunehmen, können Sie auch an der kurzen Leine Richtungswechsel üben. Dabei kommt es noch mehr auf eine klare Körpersprache an, weil der Hund schneller reagieren muss als an der Schleppleine. Wenn Sie an der kurzen Leine üben, sollte Ihre Aufmerksamkeit auf den Hund und die Aufmerksamkeit des Hundes auf Sie gerichtet sein. Beide achten aufeinander – das bedeutet aber nicht, ständig halb über den Hund gebeugt zu laufen und ihn nicht aus den Augen zu lassen. Bleiben Sie aufrecht und achten Sie darauf, den Hund nicht mit Signalen zu überschütten, sondern klar und knapp zu kommunizieren.

Der Hund soll selbstständig laufen können und auf seinen eigenen Weg achten. Lassen Sie ihm dazu auch an der kurzen Leine genug Bewegungsspielraum. Mein Ziel bei der alltagstauglichen Ausbildung des Hundes ist nicht das hundertprozentige Fußlaufen, sondern entspanntes Laufen an der lockeren Leine.

Entspannt und locker laufen – ohne Stress.

DIE BEINLEINE

An der Beinleine ist der Hund über eine kurze Leine mit dem Bein des Menschen verbunden. Der Trainingseffekt für Mensch und Hund an der Beinleine kann sehr groß sein. Vor allem für große Hunde, die lernen müssen, sich auf den Menschen zu konzentrieren, ist die Beinleine ein gutes Hilfsmittel. Sie ist sicher nicht für alle Lebenslagen geeignet, aber manchmal ist es einfach angenehm, die Hände frei zu haben. Es lohnt sich also, mit dem Hund das korrekte Laufen an der Beinleine zu erarbeiten. Die Beinleine ist ein Hilfsmittel, das ich vor allem bei

Menschen einsetze, die dazu neigen, viel zu viel über die Leine auf den Hund einzuwirken und dabei Ihre Hände nicht kontrolliert einsetzen. Oft liegt das an der Angst, die Kontrolle über den Hund zu verlieren. Der ganze Stress des Menschen überträgt sich über die Leine auf den Hund, der Hund wird noch unruhiger, es wird noch mehr an der Leine gezerrt – an normales Laufen ist nicht mehr zu denken. An der Beinleine ist die ganze Unruhe herausgenommen. Lediglich die Bewegung der Beine überträgt sich auf den Hund. In aller Regel wird ein zappeliger Hund dadurch sofort ruhiger.

Er bekommt eine klare Richtungsansage. Bewegt er sich nicht im Schritttempo des Menschen, bekommt er sofort eine Rückmeldung – er holt sich sein Leinensignal selbst ab. Das Bein bietet einen viel stabileren Widerstand als der Arm und folgt nicht ungewollt jeder Bewegung des Hundes, die Begrenzung durch die Leine wird klarer. Störende Signale durch unruhige Hände fallen weg.

Auch der Mensch wird ruhiger. Er bekommt gar nicht mehr jedes kleine Ziehen und jede Regung des Hundes mit und muss sich auch nicht mehr ständig darüber aufregen. Er hat den Hund gut unter Kontrolle und kann sich sicher fühlen. Nun wird er automatisch aufrechter und entschlossener gehen und die Hände ruhig halten. Diese Körpersprache gibt wiederum dem Hund Sicherheit. An der Beinleine fällt vielen Menschen erst auf, dass es nicht nötig ist, ständig irgendetwas mit ihren Händen zu tun.

Margit neigt dazu, Holly ständig zu beobachten (aber nicht, um mit dem Hund zu kommunizieren, sondern um ihn zu kontrollieren – der Hund bemerkt den Unterschied!) und hantiert zu viel mit der Leine. Das macht Holly nervös. Mit der Beinleine wirkt Margit entspannter und richtet sich auf. Holly wird entspannter und aufmerksamer.

DIE RUHENDE LEINE

Die Leine fällt auf den Boden, der Hund steht. Solange die Leine nicht wieder aufgenommen wird, weiß er, dass er am Ort zu bleiben hat. Das ist das Ziel. Mit der ruhenden Leine kann ich entspannt im Café sitzen, während meine Hunde es sich bequem machen und wissen: Jetzt ist Pause.

Der Hund lernt die ruhende, auf dem Boden abgelegte Leine als Signal kennen, am Ort zu bleiben und zu entspannen – egal, wo er ist. Anders als beim Kommando »Platz!« darf der Hund dabei selbst entscheiden, ob er Liegen, Sitzen oder Stehen möchte, solange er im Bereich der Leine bleibt. Sie müssen also nicht ständig nacharbeiten und korrigieren, sondern können den Hund in Ruhe lassen.

Wieder üben Sie zuerst zu Hause. Sie leinen den Hund wie gewohnt an. Gehen Sie nun

In jeder Situation ist die ruhende Leine für Falk und Siska ein Signal zum Ausruhen.

einfach an den Wohnzimmertisch, setzen Sie sich, lassen Sie die Leine locker auf den Boden fallen. Die Leine sollte lang genug sein, um das Ende der Leine als Sicherheit in der Hand zu behalten. Stellen Sie den Fuß in einigem Abstand vom Hund fest auf die Leine, so, dass der Hund bequem stehen oder liegen kann. Die Leine ist nun an dieser Stelle fixiert.

Jetzt ist die Verbindung zwischen Ihrer Hand und dem Hund unterbrochen. Beim Hund kommen keine Signale mehr an. Genauso bekommen Sie jetzt nicht mehr über die Leine mit, was der Hund macht. Ignorieren Sie den Hund jetzt einfach, bis Ruhe einkehrt.

Die Versuchung ist groß, auf einen unruhigen Hund einzuwirken. Davon wird er aber nur noch unruhiger werden. Ständiges »Nein!« und »Aus!« bedeutet für den Hund einfach Stress. Geben Sie keine Kommandos, es ist völlig dem Hund überlassen, ob er steht, sitzt oder liegt. Üben Sie die ruhende Leine häufig zuhause. Lesen Sie ein Buch, während der Hund an der ruhenden Leine neben Ihnen bleibt. Nur, wenn der Hund zuhause gelernt hat, an der ruhenden Leine auch ruhig zu bleiben, wird das auch in anderen Situationen funktionieren.

Egal, wohin Sie Ihren Hund mitnehmen möchten, ob in ein Café oder zu Freunden, es ist sehr angenehm, wenn der Hund es sich einfach bei Ihnen bequem macht und eine Runde schläft. Es ist aber keine Selbstverständlichkeit und muss zuhause geübt werden.

Genauso wie der Befehl »Bleib!«, das Einrichten von Sperrzonen in der Wohnung und das Üben zum Alleinbleiben hilft auch die ruhende Leine dem Hund dabei, Selbstkontrolle und Gelassenheit zu lernen.

Auch ein kurzer Schwatz mit dem Nachbarn vor der eigenen Haustür kann eine Gelegenheit zum Üben sein: Arnold hat bereits gelernt, es ein paar Minuten an der ruhenden Leine auszuhalten.

LEINENFÜHRIGKEIT UNTER ABLENKUNG

Stürzen Sie sich mitten ins Getümmel! Ziel meiner Hundearbeit ist es, einen Hund so zu erziehen, dass er am Alltag so weit wie möglich teilhaben kann. Für einen Hund ist es das Angenehmste, wenn er bei seinem Menschen sein kann. Das bedeutet aber auch, dass Alltagssituationen so erarbeitet werden müssen, dass sie für beide Seiten stressfrei ablaufen.

Für den Hund ist die Menschenwelt erst einmal unverständlich. Er wird vielen Reizen ausgesetzt, Lärm, andere Menschen und Hunde, Autos – das kann erst mal beängstigend sein. Wenn man aber versucht, allem, was der Hund nicht kennt, auszuweichen, wird ein normaler Alltag nie möglich sein. Der Hund wird immer ängstlicher und das Leben immer eingeschränkter.

Lassen Sie Ihren Hund viele Erfahrungen sammeln. Ein Hund, der Vertrauen zu seinem Menschen hat, wird sich mit dessen Führung in allen Situationen zurechtfinden.

Wie Holly, werden Hunde, die keine Erfahrungen sammeln dürfen, unsicher – was sich zu aggressivem Verhalten entwickeln kann. Für die meisten Hunde ist der Schritt in eine ungewohnte Umgebung weniger problematisch als für die Menschen. Je besser die Bindung, umso souveräner geht auch der Hund mit neuen Erfahrungen um. Andererseits wird die Bindung stabiler, wenn der Hund spürt, dass er auf seinen Menschen angewiesen ist und Hund und Mensch viele gemeinsame Erfahrungen machen.

Alles, was der Hund im Schutz der Wohnung oder auf dem relativ reizarmen gewohnten Spaziergang übers Feld gelernt hat, sollte in Situationen mit vielen Ablenkungen geübt und gefestigt werden. Nur so können sie sich aufeinander verlassen, wenn es darauf ankommt.

Dagegen wird die Bindung schwächer, wenn der Hund immer nur die gleiche Runde kennt. Hier ist er nicht auf die Führung des Menschen angewiesen. Er kennt sich selbst gut genug aus und wird öfter versuchen, eigene Wege zu gehen. Viele Hunde betrachten die vertraute Runde sogar irgendwann als ihr Revier, das sie zu verteidigen suchen. Spätestens dann ist es dringend Zeit für Abwechslung. Ich erarbeite mit meinen Kunden sowohl alleine als auch in der Gruppe die Leinenführigkeit oft in der Stadt. In der ungewohnten Situation sind viele Hunde viel schneller bereit, sich der Führung durch den Menschen anzuvertrauen.

Ein Sozialspaziergang mitten durch die Stadt, inklusive Fahrt mit der Bahn. In solchen Situationen müssen Mensch und Hund zusammenarbeiten.

Holly, eine Fallgeschichte

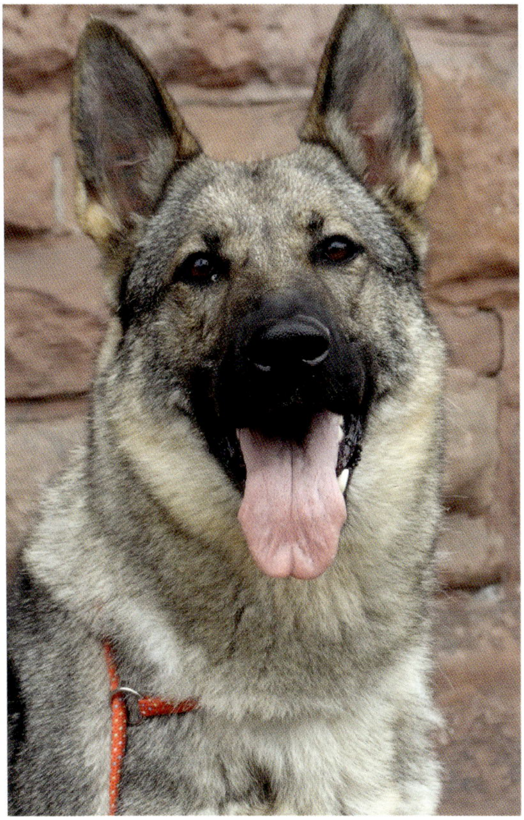

Holly

DIE ZWEIJÄHRIGE SCHÄFERHÜNDIN HOLLY LIESS SICH AN DER LEINE BEI BEGEGNUNGEN MIT ANDEREN HUNDEN NUR SCHWER UNTER KONTROLLE HALTEN. Sie hatte offensichtlich nicht gelernt, auch unter Ablenkung auf den Menschen zu achten. Die Hauptursache für ihr Gebaren war aber fehlender Sozialkontakt zu anderen Hunden und schlicht und einfach mangelnde Lebenserfahrung. Holly hatte in ihrem ganze Leben nur wenig Gelegenheit gehabt, Erfahrungen zu sammeln.

Dabei gaben sich ihre Besitzer Mühe, Hollys Bedürfnisse zu befriedigen. Sie halten zwei Hunde, neben Holly auch noch Hollys Mutter. Für Sozialkontakt war also gesorgt. Holly bekam viel Bewegung. Rund um den Wohnort der Besitzer erstrecken sich Weinberge und Felder, in denen man stundenlang spazieren gehen kann, ohne jemandem zu begegnen. Holly durfte dort frei laufen – kam ein anderer Hund in Sicht, wurde Holly an die Leine genommen. Die anfängliche Arbeit auf dem Hundeplatz mussten Hollys Besitzer aufgeben, weil Holly sich zu wild aufführte und nicht zu kontrollieren war. Aus Hollys Sicht sah das so aus: ihre Welt war äußerst reizarm und langweilig. Sie bekam kaum Gelegenheit, sich geistig weiterzuentwickeln. Spaziergänge boten wenig Abwechslung und kaum Ansprache, sie blieb meist sich selbst überlassen. Ihr einziger Sozialkontakt war die eigene Mutter. Die Möglichkeit, sich mit anderen Hunden auseinanderzusetzen, bekam sie selten. Ihr Erfahrungsschatz war der eines Welpen. Sie wusste überhaupt nicht, wie man sich Artgenossen gegenüber zu verhalten hat. Ihre Unsicherheit wurde durch das Meiden anderer Hunde bestätigt und verstärkt. Daraus entwickelte sich ihr aggressives Gebaren an der Leine.

Holly bekam Sozialkontakt verordnet – auch wenn sie die Erfahrung machen musste, dass andere Hunde auf ihr dreistes, unkontrolliertes Verhalten durchaus mal heftig reagieren konnten.

Unsere Trainingsstunden fanden nicht in der vertrauten Gleichförmigkeit ihres Spaziergeh-Reviers statt, sondern in einer völlig anderen Umgebung, einer belebten Fußgängerzone. Für Holly war das viel weniger problematisch, als ihre Besitzer erwartet hatten. Durch die ungewohnte Umgebung war mehr Aufmerksamkeit und Kommunikation zwischen Hund und Mensch erforderlich, etwas, was Holly dringend brauchte.

Freilauf

Auch ohne Leine soll die Aufmerksamkeit Ihres Hundes Ihnen gelten. Schicken Sie Ihren Hund also nicht von sich weg.

IM FREILAUF FÄLLT DIE KONTROLLE DURCH DIE LEINE WEG. JETZT KOMMT ES WIRKLICH DARAUF AN, WIE STARK DIE BINDUNG IST. Das Lösen der Leine sollte für den Hund nicht bedeuten, dass er jetzt uneingeschränkt seinen eigenen Interessen nachgehen kann. Das Verhalten mit und ohne Leine sollte sich gar nicht deutlich unterscheiden. Wenn der Hund von sich aus bei Ihnen bleiben will, ist das sehr positiv. Bringen Sie Ihrem Hund jetzt also nicht bei, Distanz zu halten, indem Sie ihn mit einem aufgeregten »Lauf!« von sich wegschicken, sobald die Leine ab ist.

Der Übergang von der Situation mit zu der ohne Leine sollte so beiläufig wie möglich sein. Gehen Sie einfach ruhig weiter. Auch ohne Leine bleibt die Verbindung zwischen Mensch und Hund erhalten, der Hund soll weiter aufmerksam sein (der Mensch natürlich auch). Wenn die Leinenführigkeit gut ist, wird der Hund auch ohne Leine auf den Menschen achten.

Gehen Sie vom Schleppleinentraining fließend den Schritt zum Freilaufen – lassen Sie einfach mal die Schleppleine auf den Boden fallen. Sie haben so immer noch die Möglichkeit, schnell mit dem Fuß auf die Leine zu treten, falls der Hund tatsächlich durchstartet. Erarbeiten Sie die Aufmerksamkeit weiterhin genauso wie an der Schleppleine durch schnelle, deutliche Richtungswechsel.

Bleiben Sie auch ohne Leine für den Hund interessant. Rufen Sie ihn immer wieder zu sich, spielen Sie zwischendurch. Belohnen Sie sein Kommen auf Ihr Rufen jedes Mal, und zwar immer wieder auch mit einem »Jackpot« – einer besonders tollen Belohnung. Es muss sich für Ihren Hund absolut lohnen, zu Ihnen zu kommen!

Es gibt keine Garantie, dass ein Hund ohne Leine sich nicht doch mal selbstständig macht. Beobachten Sie Ihren Hund, um ihn abzurufen, bevor die Ablenkung zu groß wird.

Es hat keinen Sinn, hinter einem Hund herzubrüllen, der gerade überhaupt nicht auf Sie achtet. Versuchen Sie, genau den Moment zu erwischen, in dem der Hund sich suchend nach Ihnen umschaut und rufen Sie genau dann.

Kommt der Hund jetzt tatsächlich, wird er belohnt. Sobald sich der Hund auf dem Weg zurück zu Ihnen befindet, nutzen Sie die Gelegenheit, sein Kommen mit dem Kommando »Hier!« zu verknüpfen. Geben Sie das Kommando, bevor der Hund Sie erreicht hat und loben Sie ausgiebig. Je größer die Ablenkung ist, aus der heraus Sie den Hund abrufen konnten, desto größer muss die Belohnung ausfallen. Selbst wenn Sie sich ärgern, weil der Hund nicht prompt reagiert hat – Ihr Tonfall muss gerade dann, wenn der Hund zögert, besonders positiv sein, die Freude über sein – auch verspätetes – Kommen besonders groß.

Der größte Fehler, den Sie machen können, wenn der Hund sich doch mal davonmacht, ist es, hektisch zu werden, zu brüllen oder hinterherzulaufen. Das treibt den Hund nur von Ihnen weg. Solange Sie Sichtkontakt haben, können Sie versuchen, einfach betont in die andere Richtung zu gehen und dabei immer wieder rufen – viele Hunde folgen dann doch lieber nach. Ist der Hund außer Sicht, bleiben Sie erst einmal einige Zeit an Ort und Stelle, damit der Hund Sie wieder finden kann.

Wenn möglich, üben Sie das Freilaufen erst einmal auf einem umzäunten Gelände. Oder schließen Sie sich einer Gruppe mit zuverlässigen Hunden an – wenn sich die anderen zurückrufen lassen, wird Ihr Hund mitkommen.
Es lohnt sich auf jeden Fall, den Mut zu fassen, den Hund auch mal ohne Leine laufen zu lassen. Die Situation, dass Ihr Hund bei irgendeiner Gelegenheit ausbüxt, kann schließlich jederzeit eintreten. Ein Hund, der niemals ohne Leine laufen darf, wird seine ungewohnte Freiheit dann eher ausnutzen. Auch das Laufen ohne Leine gehört zum Hundealltag dazu und sollte geübt sein.

Wenn Ihr Hund einen ausgesprochenen Jagdtrieb hat, ist allerdings besondere Vorsicht geboten. Der Trieb lässt sich nie völlig abtrainieren, und sein Einfluss ist stärker als jedes Rufen und jede Belohnung. Lassen Sie den Hund in diesem Fall, wenn überhaupt, nur dort von der Leine, wo nicht mit Wild zu rechnen ist, und laufen Sie besonders vorausschauend, um eingreifen zu können, bevor »der Schalter umgelegt« ist.

Einen ausgesprochenen Jagdhund wird man nie ganz unter Kontrolle bekommen. Aber auch alle anderen Hunde werden immer ihren Jagdtrieb behalten. Umso wichtiger ist es, diesen nicht auch noch zu verstärken. Verzichten Sie also lieber auf Jagdspielchen (dazu gehört auch das Bällchenwerfen!) und beachten Sie, dass Hunde sich das Jagen voneinander abschauen.

Das Kommen muss sich lohnen.

Eine Hundepfeife ist über eine größere Distanz hörbar. Ich benutze für jeden meiner Hunde einen besonderen Pfiff. Den Pfiff lernen Hunde schnell: Zum vertrauten Kommando »Hier!« kommt der Pfiff erst dazu, dann lassen Sie das Kommando weg und benutzen nur noch den Pfiff. Diesen Pfiff sollten Sie sehr stark fixieren, indem Sie die Reaktion darauf absolut immer belohnen, das ganze Hundeleben lang.

Kapitel 8:
Begegnungen

WIE KÖNNEN SIE BEGEGNUNGEN MIT FREMDEN HUNDEN ODER MENSCHEN SO GESTALTEN, DASS ES NICHT ZU PROBLEMEN KOMMT? Zunächst einmal entscheiden Sie – und nicht der Hund – ob es überhaupt zu einer Begegnung kommt. Der Hund ist an der Leine, Kontaktaufnahme geschieht also nur auf Ihre Initiative hin. Ihr Hund muss keineswegs jeden anderen Hund begrüßen! Sie rennen ja auch nicht auf jeden fremden Menschen zu.

Viele Hunde lernen aber bereits schon in der Welpenspielgruppe, auf jeden Artgenossen begeistert zuzustürmen. Sie können sich viel Ärger ersparen, wenn schon der Welpe die Erfahrung macht, dass er das nur mit Ihrer Erlaubnis darf, und vor allem nicht bei jeder Gelegenheit.

Viele Hunde sind es schon gewohnt, zu jedem anderen Hund hinzuziehen. Ob sie das freudig oder aggressiv tun, ist dabei gar nicht entscheidend. Es ist sicher schön, wenn Ihr Hund freundlich zu anderen Hunden ist, sein Überschwang kann aber vom anderen Hund missverstanden werden. Sie können nicht wissen, wie der andere Hund reagiert. Solche Situationen geraten schnell außer Kontrolle. Und nicht jeder Hundebesitzer schätzt es, wenn sich ein typisches »Der-will-nur-spielen«-Exemplar unkontrolliert auf den eigenen Hund stürzt. Drehen Sie schleunigst den Spieß um. Die Initiative muss bei Ihnen liegen. Das heißt zunächst, zu üben, an anderen Hunden einfach vorbeizugehen.

Daja, eine Fallgeschichte

DAJA IN ANGRIFFSPOSITION

REHPINSCHER DAJA IST WIRKLICH NUR EINE HANDVOLL HUND, SCHAFFTE ES ABER, IHRE BESITZER VÖLLIG ZUR VERZWEIFLUNG ZU BRINGEN. Spaziergänge waren der reine Stress. Daja attackierte alles und jeden. Sie stürzte sich wild kläffend wahllos auf Mensch und Hund, mit einer besonderen Vorliebe für Männer in Arbeitskleidung. Straßenkehrer und Bauarbeiter waren ihr verhasst, aber es konnte auch jeden anderen erwischen.

Besitzerin Sandra und ihre Eltern, die Daja tagsüber betreuen, schlichen sich nur noch möglichst unbelebte Wege entlang, um Daja keinen Anlass zum Eifern zu geben. Gar nicht so einfach, wenn man in der Innenstadt wohnt. So ging es nicht weiter, zumal es deutlich zu sehen war, dass sich auch die kleine Hündin nicht wohl fühlte.

Zuhause war Daja der verhätschelte Mittelpunkt der Familie, vor allem bei den Eltern, die Daja gerne als ihr Ersatz-Enkelchen bezeichneten und einfach nur dem Hund Gutes tun wollten. Daja wurde herumgetragen, ihr Stammplatz war auf dem Sofa oder noch besser auf dem Schoß ihres »Opas«.

Beim Spaziergang lief sie an der Roll-Leine stets vorneweg, gab die Richtung an und verbellte, was ihr in den Weg kam. Die Besitzer hatten es schon mehr oder weniger aufgegeben, den Hund zu korrigieren. Irgendwann kam zwar ein genervtes, »Daja! Aus!«, blieb aber völlig ohne Effekt. Dajas Verhalten hatte sich über vier Jahre hinweg entwickelt und gefestigt, ein halbherziges »Jetzt hör doch auf ...« nützte da gar nichts. An diesem Punkt kam ich dazu.

Zuerst musste Daja nun von ihrem Thron befördert werden. Der Hund durfte nicht mehr aufs Sofa oder auf den Schoß und nicht mehr auf den Arm genommen werden. Was für die Menschen eine große, schmerzhafte Umstellung war, hatte der Hund binnen weniger Tage akzeptiert. Wie die meisten Hunde, wollte auch Daja die exponierte Rolle als Aufpasser der Familie gar nicht und gab sie gerne ab.

Schon mit dieser ersten Umstellung besserte sich das Verhalten an der Leine. Nun mussten die Menschen beherzt die Führung übernehmen. Daja fiel das Training an der kurzen Leine nicht schwer, es war nur noch nie von ihr verlangt worden, locker beim Menschen zu laufen. Nun gaben die Menschen Tempo und Richtung vor und konnten besser und schneller einwirken, um Dajas Attacken sofort mit einem Leinensignal und einem »Nein!« zu unterbrechen. Die Korrektur war einfach und wurde vom Hund schnell angenommen. Der entscheidende Punkt war aber, die Ursache für Dajas Aggressionen abzustellen. Dass der Hund ängstlich war, war offensichtlich. Daja operierte nach der

Wer passt hier auf wen auf?

Daja, eine Fallgeschichte

Devise »Angriff ist die beste Verteidigung!«. Ihre Besitzer schoben das Verhalten auf Dajas Vergangenheit, sie hatten den Hund aus schlechter Haltung, misshandelt und verstört, zu sich genommen. Warum aber geht ein so kleiner, so ängstlicher Hund Ärger nicht aus dem Weg? Wie sich herausstellte, hätte Daja das gerne getan, wurde aber daran gehindert. Ihre eigenen Menschen schickten sie in die Schlacht – natürlich absolut ohne das je zu beabsichtigen. Eine Begegnung mit meinem Hund Falk half Dajas Besitzern, das eigene Verhalten besser zu verstehen.

Statt sich vor Daja zu stellen und sie zu schützen, forderte Sandra die Hündin auf, sich mit der Situation auseinanderzusetzen. Sie übernahm nicht die Führung, sondern ließ Daja mit ihrer Unsicherheit allein, schickte sie sogar vor. Dass Falk tatsächlich »nichts tut«, ist dabei völlig irrelevant. Es geht hier nur um die Beziehung zwischen Sandra und Daja. Für Daja war Falk eine Bedrohung und Sandra keine Hilfe. Mit einem selbstbewussten Hund hätte sich die ganze Situation wahrscheinlich nie so dramatisch entwickelt. Aber die ängstliche, misstrauische Daja hatte vor allem und jedem erst einmal Angst – die ihre Besitzer nach dem Motto: »Das ist doch nicht so schlimm!« überhaupt nicht ernst nahmen. Aus der wiederholten Erfahrung heraus, dass die Menschen sie nicht abschirmten und schützten, hatte Daja sich dann auf Angriff verlegt und war damit auch erfolgreich. Die meisten Leute machten ja einen Bogen um sie ...

Nun waren Dajas Besitzer aber durchaus der Meinung, dass sie ihren Hund beschützten. Wenn es Daja nämlich zu viel wurde, sich ein anderer Hund oder Mensch nicht vertreiben ließ, sprang sie am Menschen hoch und wurde prompt auf den Arm genommen.

Daja zeigt deutlich an, dass sie der Begegnung mit Falk lieber aus dem Weg gehen möchte. Sandra lässt das aber nicht zu, sondern versucht Daja zur Kontaktaufnahme zu ermuntern: »Schau mal, der tut doch nichts! Jetzt komm schon!« und zieht Daja sogar an der Leine herbei.

Von dort aus konnte (und musste) sie ihren Angriff fortsetzen, sie wurde der Gefahr ja regelrecht entgegengestreckt – sie schirmte den Menschen ab, nicht umgekehrt. Schutz findet der Hund hinter dem Menschen, nicht auf dem Arm. Wann immer Daja aber in Deckung gehen wollte, wurde sie an der Leine wieder nach vorne gezogen, weil die Menschen sie im Blick behalten wollten.

Ausgerechnet der winzige, völlig verunsicherte Rehpinscher fand sich in der Rolle des Beschützers der ganzen Familie wieder. Für die Menschen war das eine überraschende und auch schmerzhafte Erkenntnis. Es war alles andere als ihre Absicht gewesen, den geliebten Hund einem solchem Stress auszusetzen.
Nun musste Daja die Erfahrung machen, dass fortan der Mensch den Feind in die Flucht schlägt. Es war jetzt die Aufgabe des Leinenführers, darauf zu achten, dass niemand Daja zu nahe kommen konnte. Freundliche Passanten, die den niedlichen kleinen Hund streicheln wollen, andere Hunde, die »nur spielen« oder mal schnuppern wollen, wurden nun auf Abstand gehalten. Es war erstaunlich, wie schnell Daja auf das veränderte Verhalten ihrer Menschen reagierte. Schon in der zweiten Übungsstunde war es möglich, ohne Stress gemeinsam durch die Stadt zu gehen. Wir beendeten die Stunde mit einem kurzen Besuch im Straßencafé, bei dem Daja aus der Sicherheit unter Frauchens Stuhl heraus das Geschehen beobachtete und zur Verblüffung ihrer Besitzer weder die Bedienung noch den Hund am Nachbartisch verbellte. Ich bin sicher, dass der kleine Hund einfach nur erleichtert war, nun nicht mehr jeden attackieren zu müssen, der sich ihr näherte. Dajas Leben war erheblich einfacher geworden, und das ihrer Besitzer auch.

Hier zeigt Sandra Daja überdeutlich: Ich gehe dazwischen! Daja geht hinter Sandra auf Distanz.

Sandra geht locker, mit aufrechter Körperhaltung und nach vorne gerichteten Blick. Sie zeigt dem Hund damit: Keine Sorge, überlass das Aufpassen mir! Daja tippelt an der durchhängenden Leine neben ihr her, bereit, notfalls hinter Sandra in Deckung zu gehen. Die Tendenz, nach vorne zu stürmen, ist verschwunden.

AN DER LEINE

Zeigen Sie dem Hund durch Ihre Körpersprache und Blickrichtung, dass der andere Hund Sie nicht interessiert und Sie geradeaus weitergehen möchten.

Sehen Sie den anderen Hund (und dessen Leinenführer) überhaupt nicht an, schauen Sie betont in die andere Richtung. Schauen Sie auch den eigenen Hund nicht an, ignorieren Sie sein Verhalten. Bleiben Sie nicht stehen. Wenn Sie in Bewegung bleiben, geben Sie Ihrem Hund viel weniger Gelegenheit, den anderen Hund ins Visier zu nehmen. Fordern Sie durch wiederholtes Antippen der Leine Aufmerksamkeit von Ihrem Hund. Je stärker er abgelenkt ist, umso schneller hintereinander kommt das Leinensignal, bis er wieder bei Ihnen locker läuft. Je früher Sie Aufmerksamkeit fordern, umso erfolgreicher sind Sie. Handeln Sie, bevor der Hund sich dem anderen körperlich zuwendet, tippen oder sprechen Sie ihn schon kurz an, wenn er nur den Kopf dreht, und holen Sie sich seine Aufmerksamkeit sofort zurück.

Warum ist das so wichtig? Schauen wir uns an, was aus der Sicht des Hundes vorgeht, wenn ein Hund aggressiv oder stürmisch auf den anderen zugeht.

Sehr häufig sieht das so aus: Die Hunde ziehen aufeinander zu. Die Menschen lassen sich entweder hinterherziehen oder bleiben stehen und stemmen sich gegen den Hund.

Eine typische Situation: die Hunde wollen aufeinander zu, die Menschen lassen sich hinterher ziehen. Dürfen die Hunde nun zueinander oder dürfen sie nicht? Für die Hunde ist die Situation uneindeutig. Sie entscheiden also einfach selbst und ignorieren die Menschen.

Hunde und Menschen sind einander jetzt frontal zugewandt. Für einen Hund sind frontale Annäherung und Fixieren des Anderen eine Drohgebärde. Zeigt sich auch nur einer der beiden Hunde aggressiv, wird auch der andere sehr wahrscheinlich zurückstänkern. Bellt der Hund, wird nun auf ihn eingeredet oder sogar gebrüllt. Das führt dazu, dass der Hund sich noch aufgeregter gebärdet, schließlich bellt der Mensch ja mit! Die ganze Aufmerksamkeit des Leinenführers ist nun bei seinem Hund, er schaut ihn an, redet auf ihn ein – alles Signale, die den Hund in seinem Verhalten bestätigen und weiter anfeuern. Aus Sicht des Hundes wird er geradezu auf den anderen Hund gehetzt, auch wenn das sicher nicht die Absicht des Menschen ist.

Das heißt nicht, dass Ihr Hund sich nie wieder umsehen darf! Wenn die Erziehung gefestigt ist, müssen Sie Ihren Hund auch nicht mehr so intensiv kontrollieren. Wollen Sie aber ein unerwünschtes Verhalten ändern, ist es entscheidend, schon Ansätze zu korrigieren. Den Hund beeindruckt es außerordentlich, wenn sein Mensch plötzlich schneller ist als er!

Eine friedliche Begegnung der beiden Hunde wird das auf keinen Fall mehr werden. Es nützt also auch überhaupt nichts, die Hunde jetzt zueinander zu lassen, damit sie es »unter sich ausmachen«. Wären sich die beiden Hunde allein im Wald begegnet, hätten sie sich von vorn

Holly hat einen anderen Hund gesehen. Margit bleibt stehen, wendet den Körper ebenfalls dem anderen Hund zu und richtet ihre ganze Aufmerksamkeit auf Holly und ihr Getue. Im Stehen gerät die Leine sofort unter Dauerzug, das verursacht dem Hund zusätzlichen Stress und verhindert die Kommunikation über die Leine.

Besser. Obwohl Holly auf einen fremden Hund reagiert, geht Margit geradeaus weiter, bleibt ruhig und schaut nicht zum Hund.

Wenn alle gemeinsam weitergehen, können die Hunde beiläufig Kontakt aufnehmen. In dieser Situation steckt viel weniger Aggressionspotential als in einer frontalen Annäherung.

herein völlig anders verhalten. Zeigen Sie Ihrem Hund also klipp und klar: Weder dein Getue noch das des anderen Hundes interessiert mich auch nur im Geringsten.

Alles, was Sie interessiert, ist, weiter auf Ihr Ziel zuzusteuern. Fordern Sie dabei, dass Ihr Hund ordentlich an der Leine läuft, genauso, wie Sie es ohne Ablenkung geübt haben. Sprechen Sie so wenig wie möglich mit dem Hund, schauen Sie nicht zu ihm runter und bleiben Sie unter allen Umständen in Bewegung. Halten Sie Abstand zum anderen Hund, aber geben Sie Ihrem Hund nicht das Gefühl, dass Sie dem anderem aus dem Weg gehen. Ihr Hund würde dadurch nur in seiner Ansicht bestärkt werden, dass andere Hunde potentiell gefährlich sind. Macht Ihr Hund nur freudiges Theater, fällt die Korrektur genauso aus. Bestehen Sie darauf, ruhig weiterzugehen, egal, welche Ablenkung der Hund entdeckt hat.

Gestalten Sie Begegnungen mit anderen Hunden grundsätzlich von Anfang an so, dass es gar nicht erst zu Problemen kommt. Wenn Sie Kontakt aufnehmen möchten, dann achten Sie darauf, dass die Hunde und Menschen nicht frontal aufeinander zulaufen. Besser ist es, sich von der Seite oder von hinten zu nähern. Sie lassen sich dabei nicht ziehen und sorgen dafür, dass der Hund immer noch ruhig ist und locker läuft, sonst kommen Sie nicht näher. Strebt Ihr Hund weg oder geht hinter Sie, möchte er dem Kontakt aus dem Weg gehen. Weil er an der Leine ist, kann er das aber nicht. Fordern Sie den Hund jetzt nicht zur Kontaktaufnahme auf, sondern schirmen Sie ihn körperlich von dem anderen Hund ab.

Üben sie diese Situation so oft wie möglich. Gerade, wenn Ihr Hund dabei Probleme macht. Anderen Hunden aus dem Weg zu gehen, wird die Situation immer weiter verschlimmern. Gewöhnen Sie sich an, gezielt dort spazieren zu gehen, wo Sie anderen – fremden – Hunden begegnen. Arbeiten Sie an Ihren eigenen Erwartungen: Wenn Sie jedes Mal »Oh nein!« denken, wenn Sie einen anderen Hund von weitem sehen, haben Sie schon verloren. Denken Sie stattdessen: »Super! Eine Gelegenheit zum Üben!« Damit tricksen Sie nicht nur die eigene Angst aus, sondern auch die Ihres Hundes.

Ungewollte Begegnungen mit freilaufenden Hunden können Sie ganz einfach vermeiden, wenn Sie mitten durch den Ort laufen. Fußgängerzonen eignen sich hervorragend zum Üben. Ihr Hund ist wichtiger, als »was wohl die Leute denken!« Wenn Ihnen das Theater Ihres Hundes peinlich ist, fahren Sie doch einfach in die Nachbarstadt ...

Kira geht in Deckung – sie möchte keinen Kontakt.

Bleiben Sie nicht lange stehen, um die Hunde schnuppern zu lassen. Wenn es die Umstände erlauben und die Hunde verträglich sind, können Sie sie ableinen und spielen lassen. Bleiben die Hunde an der Leine, gehen Sie aber nach maximal einer halben Minute weiter. Im Stehen wird eine solche Situation viel schneller problematisch, als wenn alle in Bewegung bleiben. Sogar, wenn sich die Hunde kennen. Jeder hat das schon erlebt: Die Hunde drehen sich um einander, um zu schnuppern, die Leinen verheddern sich, die ganze Situation wird unruhig. Plötzlich fühlt sich einer von beiden bedrängt, bellt, knurrt oder schnappt, alle werden hektisch, die Hunde werden auseinandergezerrt. Alles in allem ein negativer Ausgang, aus dem der Hund das Falsche lernt – völlig egal, wer wen zuerst angegangen hat. Besser ist es, gemeinsam weiterzugehen, um den Hunden die Gelegenheit zu geben, sich an die Gegenwart des anderen zu gewöhnen. Beide Hunde sollen dabei locker, aber kontrolliert laufen. Wenn sich die Wege wieder trennen, bleibt eine positive Erfahrung: Die Begegnung ist friedlich und unaufgeregt verlaufen. Begegnungen mit Menschen sollten ebenso geordnet ablaufen. Es gelten im Grunde dieselben Regeln wie bei der Begrüßung von Besuchern in der Wohnung: Die Menschen begrüßen sich zuerst, es wird nicht hochgesprungen, der Hund bleibt unter Kontrolle. Hindern Sie Passanten daran, Ihren Hund unaufgefordert zu streicheln. Viele Hunde möchten nicht von Fremden angefasst werden und sollten es sich auch nicht gefallen lassen müssen. Sorgen Sie dafür, dass Ihr Hund sich völlig sicher fühlen kann, wenn er an der Leine ist.

Die Hunde haben nicht genug Freiraum, um richtig Sozialkontakt aufzunehmen. Auch wenn das schon hundertmal gut gegangen ist, beim nächsten Mal könnte es schief gehen.

Solange der Hund an der Leine ist, muss er ruhig beim Leinenführer bleiben, egal wie groß die Ablenkung ist. Das gilt auch dann, wenn Sie einem anderen Familienmitglied begegnen. Üben Sie das ruhig öfter, lassen Sie ein Mitglied der Familie locken und rufen, während Sie den Hund vorbeiführen und umgekehrt, und arbeiten Sie daran, dass der Hund trotzdem mit seiner Aufmerksamkeit beim Leinenführer bleibt.

AUF DER HUNDEWIESE

Jeder Hund braucht Sozialkontakt zu Artgenossen zum Spielen und Herumtoben – auch ohne Leine. Ein Zusammentreffen auf der Hundewiese ist eine hervorragende Sache, aber einige Voraussetzungen sollten erfüllt sein. In der Beziehung zwischen Ihnen und Ihrem Hund gilt: Sie sind der Chef – und das bleiben Sie auch

In der Gruppe darf Kira (vorne) einen gewissen Abstand halten und kann sich vor unerwünschten Annäherungsversuchen sicher fühlen. Beim gemeinsamen Spaziergang, zunächst ganz ohne Kontaktaufnahme, kann sich die ängstliche Hündin langsam an die Gegenwart anderer Hunde gewöhnen.

auf der Hundewiese. Auch, wenn hier nicht gearbeitet wird und der Spaß im Vordergrund steht. Das bedeutet, Sie als der Chef, und nicht der Hund, sind gefordert, wenn es darum geht, Konflikte zu vermeiden. Die häufige Meinung »die Hunde klären das schon unter sich« sollten Sie sich nicht zu eigen machen. Schließlich möchten Sie im übrigen Alltag auch nicht, dass der Hund seine Entscheidungen mit sich selbst oder sonst wem ausmacht. Ihr Hund hat im Idealfall gelernt, dass er auf Sie zählen kann. Ihn ausgerechnet jetzt, wo es durchaus zu brenzligen Situationen kommen kann, im Stich zu lassen, entspricht nicht der Abmachung Ihres Teams!

Zeigen Sie Ihrem Hund, dass Ihre Regeln auch auf der Hundewiese gelten. Das fängt schon damit an, wie Sie sich der Situation nähern. Ihr Hund hat bereits gelernt, auch unter einer solchen Ablenkung ruhig an der Leine zu gehen, und darauf bestehen Sie natürlich auch jetzt. Nähern Sie sich den anderen Hunden ganz normal – weder besonders eilig noch zögernd. Sie wollen Ihrem Hund weder ein

Holly braucht den Sozialkontakt zu anderen Hunden. Sie ist schlecht sozialisiert und benimmt sich anderen Hunden gegenüber aufdringlich.

Jack wird es bald zu heftig. Aber er weiß, dass er beim Menschen Schutz findet.

GESTÄNKERT WIRD NICHT!

Spielen und Sozialkontakt auf der Hundewiese sind eine tolle Sache. Aggressives Verhalten sollten Sie jedoch nicht dulden. Ein Hund, der sich Kämpfe und Beißereien liefert, lernt daraus eben nur Beißen und Kämpfen, aber nicht, andere Hunde zu akzeptieren. Wenn Ihr Hund stänkert und die Gruppe aufmischt, sehen Sie nicht erst lange zu. Rufen Sie den Hund frühzeitig zurück, lassen Sie ihn erst wieder mitspielen, wenn er sich beruhigt hat. Erarbeiten Sie mit einem solchen Hund erst das korrekte Verhalten gegenüber anderen an der Leine. Es ist nicht nötig, den Hunden zu gestatten, eine Rangordnung unter sich aus zu machen. Hunde, die sich auf der Hundewiese begegnen, gehören nicht zu einem Familienverband und haben deshalb untereinander auch keine Rangordnung. Diese Hunde sind Zufallsbekanntschaften. Man begegnet sich, man plaudert ein bisschen, man kann sich leiden oder nicht, vielleicht gerät man sogar in Streit – aber mehr nicht. Je besser sich die Hunde kennen, um so eher wird sich zwar abzeichnen, wer den Ton angibt, eine echte soziale Rangordnung ist das aber noch lange nicht. Die besteht weiterhin zwischen Ihnen und Ihrem Hund. Der Einzige, der in Ihrem Familienverband das Recht hat, zu kämpfen, sind Sie!

»Auf sie mit Gebrüll!« noch ein »Oh Gott, ob jetzt wohl alles gut geht« Gefühl vermitteln.

Sie können jetzt bereits erkennen, ob Ihr Hund freudig erwartungsvoll auf die anderen Hunde reagiert oder ängstlich. Ein Hund, der sich bereits jetzt aggressiv gebärdet, bleibt an der Leine!

Es sollte selbstverständlich sein, zuerst das Gespräch mit den anderen Hundebesitzern zu suchen und zu fragen, ob Ihr Hund dazu kommen soll. Ist alles geklärt, wird der Hund in aller Ruhe abgeleint. Wie immer ist die Aufmerksamkeit auf Sie gerichtet und der Hund sitzt.

Nun fordern viele Hundebesitzer ihren Hund geradezu zum Losstürmen auf mit einem aufgeregten »und los!« oder »da ist der Bello!« oder anderen aufmunternden Worten. Damit tun sie aber im Grunde nichts anderes, als den Hund regelrecht auf die anderen zu hetzen (auch wenn es »nur Spiel« ist): Sie könnten eigentlich auch »Attacke!« rufen und sich auf die Hunde stürzen. Das ist aber nicht das Verhalten, das Sie sich von Ihrem Hund wünschen. Ein ohnehin aufgeregter Hund wird so nur noch aufgeregter und damit auch unkontrollierbarer. Es ist überhaupt nicht nötig, den Hund anzufeuern – ein verspielter Hund wird keine Aufforderung brauchen! Ein Hund aber, der lieber erst mal aus der Distanz, in der sicheren Nähe seines Menschen, das Geschehen beobachtet hätte, bekommt ein völlig falsches Signal. Er wird vom Menschen vorgeschickt, mitten in die mögliche Gefahr hinein. Es kann gut passieren, dass Ihr Hund das sogar als Aufforderung zum Angriff missversteht.

Gestalten Sie Begegnungen so beiläufig wie möglich. Am besten ist es, wenn alle in Bewegung bleiben, indem die ganze Gruppe gemeinsam weitergeht und die Menschen den Hunden gar keine besondere Aufmerksamkeit schenken. Wenn alle gespannt darauf warten, dass es gleich Ärger gibt, ist es sehr wahrscheinlich, dass das auch passiert. Überlassen Sie es Ihrem Hund einfach selbst, ob er mitten ins Geschehen will oder nicht. Fordern Sie »Sitz!«, nehmen Sie die Leine ab und entlassen Sie Ihren Hund mit dem gewohnten Befehl »und ab!«. Bauen Sie Spannung ab, nicht auf! Viele Hunde bleiben lieber erst mal am Rand und beobachten, manche suchen den Schutz des Menschen, den Sie ihm dann auch unbedingt gewähren sollten. Andere stürzen sich sofort ins Getümmel. Rufen Sie Ihren Hund aus dem Spiel hin und wieder zu sich – und entlassen Sie ihn dann wieder. Sein Kommen in dieser Situation ist eine besonders tolle Leistung und muss gebührend belobt und belohnt werden. Machen Sie sich interessant für Ihren Hund. Wenn er sich abrufen lässt, zeigen Sie ihm Ihre Freude darüber, spielen Sie mit ihm. Wenn sich der Hund noch nicht sicher abrufen lässt, üben Sie zuerst an der 5-Meter-Leine. Um selbst sicherer in der Situation zu werden, sollten Sie, wenn möglich, erst mal in Gesellschaft von wenigen gut sozialisierten und erzogenen Hunden herausfinden, wie Ihr Hund auf die anderen reagiert.

Ihr Hund sollte auch im Spiel stets abrufbar und kontrollierbar sein. Sie machen sich vieles leichter, wenn Sie das von Anfang an üben – möglichst schon in der Welpenspielgruppe. Zeigen Sie dem Hund schon dort: Ich bin auch noch da! Wenn der Hund sich zu den anderen gesellt hat, sind Sie als Chef in der Pflicht, zu beobachten, was passiert. Wenn Ihr Hund von anderen gemobbt wird, ist es Ihre Aufgabe, das zu unterbinden, in dem Sie den Besitzer des anderen Hundes bitten, diesen zurückzurufen, oder Ihren eigenen Hund aus der Situation herausholen. Eventuell sucht der belästigte Hund von sich aus Schutz bei Ihnen, dann sollten Sie ihm diesen unbedingt gewähren und ihn gegen den fremden Hund abschirmen. Oder Sie rufen Ihren Hund aus der Situation zurück und leinen ihn an, gegebenenfalls entfernen Sie sich ganz aus der Situation. Wenn Sie nicht eingreifen, bleibt dem »Mobbing-Opfer« irgendwann keine andere Wahl mehr als sich zu wehren. So kann es zu Beißereien kommen. Das allein ist schon unangenehm – und obendrein hat Ihr Hund nun die Erfahrung gemacht, dass er sich im Zweifelsfall selbst helfen muss, notfalls eben auch mit Beißen. Ein absolut unerwünschtes Verhalten! Ebenso sollten Sie es unterbinden, wenn Ihr eigener Hund andere ärgert und belästigt und nicht davon ablässt. Sie riskieren sonst ernsthafte Auseinandersetzungen und Verletzungen. Wenn Ihr Hund andere mobbt, rufen Sie ihn zurück, lassen ihn eine Weile bei sich bleiben und ruhig werden, bevor er wieder spielen gehen darf. Sie sollten nicht untätig zusehen, wie Ihr Hund andere reizt, nur um ihm dann prompt zur Hilfe zu eilen, wenn er Ärger bekommt. Gerade kleine Hunde machen allzu leicht die Erfahrung, dass sie sich alles herausnehmen können – schließlich wird der Mensch sie schon beschützen. Wenn es doch zu ernsten Auseinandersetzungen unter den Hunden kommt, ist es völlig gleichgültig, wer angefangen hat. (Meistens interpretieren die Menschen den Verlauf eines Konfliktes auch noch falsch und übersehen völlig, dass der vermeintliche Aggressor vorher mehrfach gewarnt hat.) Sie sollten nicht nur verhindern, dass Ihr Hund andere angreift, sondern auch, dass er sich gegen andere verteidigt – Verteidigung ist Ihr Aufgabengebiet, nicht das des Hundes.

Nehmen Sie Ihren Hund aus der Situation heraus, bevor sie eskaliert. Hundebesitzer entschuldigen gerne den eigenen Hund und suchen den Fehler beim anderen. Was ein anderer Hund tut oder nicht tut, ist aber nicht Ihr Problem. Grundsätzlich sollte sich jeder Hundebesitzer voll und ganz auf den eigenen Hund konzentrieren, diesen unter Kontrolle halten und die Situation vorausschauend beobachten.

MOBBING UNTER HUNDEN ...
Wenn ein Hund einen anderen unablässig zum Spielen auffordert, obwohl dieser kein Interesse zeigt, hochspringt, in die Pfoten beißt, immer wieder versucht aufzureiten, den anderen Hund verfolgt, wenn dieser das Weite sucht – kurzum, den anderen Hund permanent belästigt und dessen Signale missachtet, kann man von Mobbing sprechen. Natürlich »meint er es nicht böse«, aber er missachtet die Grenzen des anderen Hundes. Der übliche Ausspruch »Der will doch nur spielen!« verharmlost dieses Verhalten. Es ist für das »Mobbing-Opfer« extrem stressig – und irgendwann wird es sich zur Wehr setzen!

Kapitel 9:
Richtig Spielen

Beate übt mit Arnold das Apportieren an der Leine. Arnold hat bereits gelernt, auf den Befehl zum Apportieren zu warten.

Beide laufen gemeinsam zum Spielzeug.

FÜRS SPIELEN GILT: AUCH DER MENSCH MUSS SPASS AN DER SACHE HABEN, LEBHAFT SEIN, AUS SICH HERAUSGEHEN, AM BESTEN RICHTIG KINDISCH HERUMTOBEN, DANN SPIELT JEDER HUND GERN. Spielen ist eine tolle Belohnung, macht den Menschen interessant und tut der Beziehung gut. Zum Hundealltag gehört Spielen dazu. Spielen ist keine Arbeit – aber ein paar Regeln gelten auch im Spiel. Der Mensch entscheidet, was und wann gespielt wird und auch, wann das Spiel vorbei ist. Das bedeutet, dass Spielzeug dem Hund nicht dauernd zur freien Verfügung stehen sollte. Das Spielzeug wird zum Spielen hervorgeholt und verschwindet danach wieder. Dadurch wird es für den Hund zu etwas ganz Besonderem und das Spiel interessanter.

Das Spielzeug sollte von der Form her so sein, dass sich der Hund darin verbeißen kann, ohne damit die Finger des Menschen in Gefahr zu bringen, wie eine Beißwurst oder ein Ball mit einer Schnur.

Und es sollte natürlich ungefährlich sein – gerade die so beliebten Stöckchen können

Mit dem vertrauten Kommando »Komm!« ruft Beate den Hund zu sich und vergrößert durch Rückwärtsgehen die Entfernung.

splittern oder sich im Kiefer des Hundes verkeilen. Stöcke liegen außerdem zur Selbstbedienung überall herum, und damit hat der Mensch die Kontrolle über das Spielzeug verloren. Ich rate daher, es zu unterbinden, wenn der Hund auf einem Stock herumnagt, und Hunde erst gar nicht auf Stöckchenschmeißen zu trainieren. Dafür gibt es noch einen weiteren wichtigen Grund. Alle Spiele, bei denen der Hund einem Ball, Stock oder anderem Spielzeug hinterherrennt, fördern das Jagdverhalten. Alle Arten von Jagdspielchen sollte man daher vermeiden.

Ein Hund, der die Liebe zum Jagen erst mal für sich entdeckt hat, ist kaum wieder davon abzubringen. Auf Werfen und Rennen muss man trotzdem nicht verzichten – üben Sie das Apportieren.

APPORTIEREN

Vorneweg: Sie können das Apportieren zwar in Maßen mit jedem Hund erarbeiten, aber nicht jeder Hund apportiert gern und gut. Das sollten Sie berücksichtigen.

Den Befehl »Aus!« sollte Ihr Hund bereits kennen. Üben Sie das Apportieren zuerst an der Schleppleine. Werfen Sie das Spielzeug (nicht zu weit). Der Hund soll dabei neben Ihnen sitzen bleiben, anfangs halten Sie den Hund notfalls an der Leine zurück. Dann gehen Sie mit einem Kommando (z.B. »Hol!« oder »Bring!«) gemeinsam mit dem Hund dem Spielzeug hinterher. Große Freude über das gefundene Spielzeug und ein kurzes Spielchen zur Belohnung folgen. Daraufhin beginnen Sie von vorne.

Als Nächstes lassen Sie den Hund alleine dem Spielzeug nachlaufen, fangen Sie mir einer ganz kurzen Distanz von nicht mehr als einem halben Meter an. Wenn der Hund das Spielzeug gepackt hat, aber nicht zurück zu Ihnen kommt, können Sie ihn nun mit der Leine zu sich heranholen (holen, nicht ziehen). Machen Sie ihn durch ein Leinensignal, ein kurzes Antippen, aufmerksam und rufen Sie ihn zu sich. Als Nächstes vergrößern Sie die Distanz langsam, indem Sie einige Schritte rückwärtsgehen und der Hund mit dem Spielzeug Ihnen dabei folgt. Steigern Sie den Abstand nach und nach immer weiter.

Jeder Erfolg ist ein großes Lob wert. Das Zurückbringen des Spielzeugs muss sich schließlich für den Hund lohnen. Achten Sie darauf, den Hund mit dem Befehl »Hols!« oder »Bring!« nach dem Spielzeug zu schicken (nachdem dieses gelandet ist!), er soll nicht selbstständig losspurten!

ZERRSPIELE

Zerrspiele imitieren das Zerren und Schütteln der Beute. Je wilder es dabei zugeht, desto besser. Zerrspiele sind besonders als Belohnung geeignet. Lassen Sie den Hund dabei auch mal erfolgreich sein und die Beute gewinnen.

Damit die »Beute« für den Hund interessant ist, muss sie sich natürlich schnell bewegen – einfach nur die Beißwurst vor die Nase gehalten zu bekommen ist langweilig. Achten Sie darauf, nah am Boden zu bleiben und das Spielzeug nicht hochzureißen. Der Hund soll mit den Pfoten am Boden bleiben, animieren Sie ihn nicht zum Hoch- und Anspringen.

RAUFEREIEN

Beim Raufen und Balgen sollte der Hund nicht die Überhand bekommen. Lassen Sie ihn nicht auf sich herumtanzen. Drehen Sie ihn ruhig auch mal spielerisch auf den Rücken, zeigen Sie ganz selbstverständlich, dass Sie auch im Spiel den Ton angeben. Raufereien können schnell zu heftig werden. Beenden Sie das Spiel, wenn es gerade am schönsten ist, bevor der Hund dreist wird und Sie ihn dafür tadeln müssen. Wenn Schluss ist, ist auch wirklich Schluss! Gehen Sie nicht auf Auforderungen zum Weiterspielen ein. Schieben Sie den Hund mit einem »Nein!« beiseite und wenden Sie sich

Die Aussicht auf ein Spielchen zur Belohnung sorgt für Aufmerksamkeit.

Arnold setzt die Zähne ein, aus Respektlosigkeit, aber auch weil Thore ihn dazu mit der Hand an der Schnauze gereizt hat. Zeit, die Balgerei zu beenden. Hier muss das Familienoberhaupt für Ordnung sorgen.

betont ab, um das Spiel zu beenden. Schnappen und Beißen, auch wenn der Hund dabei nicht zubeißt, sind nicht erlaubt. Achten Sie darauf, ihn auch nicht dazu zu animieren. Der Hund muss wissen, dass er seine Zähne nicht gegen den Menschen einsetzen darf, auch nicht im Spiel. Wenn Kinder mit dem Hund balgen, sollten Sie besonders darauf achten, dass der Hund nicht respektlos ist. Gehen Sie dazwischen und beenden Sie das Spiel rechtzeitig.

SUCHSPIELE

Suchspiele sind Kopfarbeit für den Hund. Verstecken Sie sein Spielzeug irgendwo im Raum – anfangs so, dass der Hund sehen kann, wo Sie es versteckt haben. Wenn er die Aufgabe verstanden hat, steigern Sie den Schwierigkeitsgrad. Üben Sie, den Hund warten zu lassen, bis Sie das Kommando »Such!« geben. Eine andere Variante: Nehmen Sie drei Becher, unter einem verstecken Sie ein Leckerli und vertauschen dann die Becher. Wieder soll der Hund auf das Kommando »Such!« warten, bis er herausfinden darf, wo das Leckerli versteckt ist. Auch hier können Sie die den Schwierigkeitsgrad steigern, indem Sie immer mehr Becher ins Spiel bringen.

Kapitel 10:
Aggressivität und Aggression

ANDERS ALS SIE VIELLEICHT GLAUBEN, SETZE ICH ALS HUNDEERZIEHUNGSBERATER BEI EINEM GROSSTEIL MEINER ARBEIT NICHT AN DEN HUNDEN AN, SONDERN AN IHREN BESITZERN. Um ihnen weiterzuhelfen, bringe ich ihnen das Wesen ihrer Tiere näher und erkläre, warum sich diese so verhalten, wie sie sich verhalten. Was tatsächlich dahintersteckt, wenn ein Hund ein »Fehlverhalten« zeigt, wird schnell einmal übersehen. Denn wir sind darauf fokussiert, schnell funktionierende und einfach umsetzbare Lösungen zu bekommen.

Also was steckt nun hinter dem Begriff? Nun, ein Fehlverhalten lässt sich als ein Verhalten erklären, das allgemein geltenden und akzeptierten Normen widerspricht. Von solchen Normen, also situationsbezogenen Verhaltensregeln, werden wir Menschen selbst ganz oft geleitet. Sie sind tief in unseren Alltagen verankert und wir bekommen sie schon früh innerhalb der unterschiedlichen Gruppen oder Institutionen, zu denen wir gehören, vermittelt. Dazu zählen zum Beispiel unsere Familie, die Schule oder auch religiöse Einrichtungen. Uns an Normen zu halten, sie an andere weiterzugeben oder aber auch gegen sie zu rebellieren – wie es beispielsweise Teenager gerne tun – ist völlig menschlich. Aber lässt sich das auch auf unsere Haushunde übertragen?

Wir vermenschlichen die Eigenschaften und Verhaltensweisen unserer Haushunde sehr gerne und sehr stark im Vergleich zu vergangenen Zeiten. Wenn Ihre Eltern oder Großeltern früher Hunde hatten und Sie den damaligen Stellenwert der Tiere mit dem vergleichen, der heutzutage vielerorts gilt, können Sie mir bestimmt zustimmen. Uns selbst, aber vor allem auch unseren Vierbeinern zuliebe, sollten wir allerdings im Kopf behalten, dass wir mit Hunden Beutegreifer an unserer Seite haben – Beutegreifer, die ihren eigenen Willen ganz schön einbüßen mussten. Noch dazu sollten wir berücksichtigen, dass es das Eine, das »Wahre«, das einzig »Normale« gar nicht gibt. Vor allem nicht, wenn die Sichtweisen von Menschen auf der einen Seite und Hunden auf der anderen Seite aufeinandertreffen. Was für den einen völlig normal und natürlich scheint, sieht der andere eventuell schon als unerwünscht, als »Fehlverhalten« eben.

WAS BEDEUTET EIGENTLICH AGGRESSION?

Das Thema Aggression wird immer und immer wieder heiß diskutiert. Dabei schwebt meist das eigentliche Angsttema Gefährlichkeit über allem. Manche fordern sofort Sanktionen, wenn ein Hund einen anderen auch nur anknurrt. Dieses »Fehlverhalten« muss man ihm doch sofort abtrainieren und der Hund gehört therapiert! Andererseits höre ich aber genauso oft, dass die Hunde das doch bitte »unter sich« ausmachen sollen.

Aggressive Kommunikation oder aggressives Ausdrucksverhalten unter Hunden hat mit dem Trieb, das Überleben zu sichern, zu tun. Sie dient als Mittel zum Zweck, um Konflikte zu vermeiden oder zu lösen. Konfliktvermeidung deshalb, weil kein Hund es darauf anlegen möchte, bei einem ernsthaften »Aneinanderrasseln bis aufs Blut« Verletzungen zu riskieren. In der freien Natur könnte ihn das im schlimmsten Fall das Leben kosten.

AGGRESSION LÄSST SICH NICHT MIT GEFÄHRLICHKEIT GLEICHSETZEN. AGGRESSIVES AUSDRUCKSVERHALTEN GEHÖRT ZUM NORMALEN VERHALTENSREPERTOIRE VON HUNDEN.

Um die Elemente wahrzunehmen, richtig zu deuten, warum sich ein Hund in einer bestimmten Situation aggressiv verhält und auch angemessen mit ihm umgehen zu können, müssen wir also verstehen, was Aggression und Aggressivität bedeuten. Das wiederum wurzelt auch im Verständnis, dass es verschiedene Formen und Ausprägungen des Aggressionsverhaltens gibt, hinter denen unterschiedliche Motivationen stecken. Manchmal lassen sich die Auslöser klar erkennen, oft sind es aber auch mehrere unterschiedliche Umstände, die zusammenkommen und jeweils ihre Rollen spielen. Das macht es dann schon schwieriger, die verschiedenen Komponenten zu identifizieren. Noch dazu kann sich das Verhalten gegen einen anderen Hund oder aber auch gegen andere Tiere und Menschen richten. Schauen wir uns also die Definitionen an und werfen auch einen Blick auf die unterschiedlichen möglichen Motivationen hinter aggressivem Verhalten.

ALS AGGRESSIVITÄT LÄSST SICH DIE INNERE BEREITSCHAFT EINES LEBEWESENS BESCHREIBEN, AGGRESSIVES VERHALTEN GEGEN ANDERE LEBEWESEN AUSZUFÜHREN. AGGRESSION IST DIESE HANDLUNG.

Im Alltag mit unseren Hunden kann uns das auf die unterschiedlichsten Weisen und in den verschiedensten Situationen begegnen. Wichtig ist es dabei, dass wir im Kopf behalten, dass das nichts mit Bösartigkeit zu tun hat. Je nach Hund und Hunderasse sind außerdem Teile der Kommunikation über Körpersprache und Mimik ausgeprägter oder weniger deutlich erkennbar. Bei einem Hund mit kurzem Fell wird oft mehr zu sehen sein als bei einem mit vielem, langem und vielleicht abstehendem Fell. Und bei einem Hund mit vielen Runzeln und Falten – denken wir zum Beispiel an Shar Peis oder Bulldoggen – ist oft weniger sichtbar, als bei einem Hund mit glatter Haut.

AGGRESSIVE KOMMUNIKATION WILL GELERNT SEIN

Wie bitte? Mein Hund soll lernen, wie es funktioniert, sich aggressiv auszudrücken? Ja! Ähnlich wie wir Menschen müssen auch Hunde lernen, welches Verhalten in welcher Ausprägung und in welcher Situation akzeptabel und angemessen ist und wie sie am besten darauf reagieren, wenn andere Hunde es ihnen gegenüber zeigen. Das passiert im Umgang mit Artgenossen bereits, während die Hunde noch sehr jung sind. Schließlich ist dieses Wissen für das weitere Leben sehr wichtig.

Wenn wir einen Welpen zu uns holen, liegt es an uns, ihm diese Lernerfahrungen weiter zu ermöglichen, auch wenn er nicht mehr bei seinen Geschwistern und seiner Mutter lebt. Eine fachkundig geleitete Welpengruppe ist dabei sehr wertvoll: Aggressionsverhalten – Kommunikation – müssen die Kleinen ausprobieren dürfen, um es zu lernen, seine Wirkungen zu verstehen und um Taktiken zu entwickeln, damit umzugehen, wenn andere es zeigen. Dass dabei auch mal gerauft wird oder einer knurrt, ist völlig normal und gehört dazu. Da ist es eher eine schwierige Aufgabe für uns Menschen, das auszuhalten und nur einzuschreiten, wenn es wirklich notwendig wird. Die Kleinen müssen wissen, dass wir sie schützen, und wir müssen lernen, ihnen die passenden Freiräume zu geben.

Und das ist einer der Gründe, warum es so wichtig ist, dass wir unsere Hunde miteinander spielen lassen aber auch selbst mit ihnen spielen. Unsere Hunde müssen sich auch mal reiben können, um zu lernen, was den Menschen zu viel ist und wie sie darauf reagieren. Das Spiel ist also ein sehr wichtiger Bestandteil der Hundeerziehung. Es gibt den Hunden die Möglichkeit, zu lernen, wie sie sich zu verhalten haben, ohne dass etwaige Fehltritte ernsthaftere Konsequenzen für sie nach sich ziehen. In diesem Aspekt sind sich junge Hund und Menschenkinder sehr ähnlich: Kinder spielen und raufen auch miteinander und das ist absolut wichtig für ihr soziales Leben und Hineinwachsen in die Gesellschaft.

WAS BEWIRKT DAS SPIELEN BEI HUNDEN? DIE RESSOURCENVERTEIDIGENDE AGGRESSION

Zunächst einmal hilft es den Vierbeinern dabei, motorische Fähigkeiten zu erlernen, zu üben und so zu festigen. Über das Spielen miteinander entstehen auch neue Bindungen. Es intensiviert und festigt darüber hinaus bereits bestehende soziale Bindungen zu den Spielpartnern – sowohl zu Menschen als auch zu anderen Tieren – und zeigt außerdem die Zusammengehörigkeit mit dem Familienverband an. Miteinander zu spielen und sich auf seine Gegenüber einzulassen, schafft nicht zuletzt gegenseitiges Vertrauen, was im Alltag von großer Bedeutung ist.

ÜBER DAS GEMEINSAME SPIELEN LERNEN UNSERE HUNDE GANZ EINFACH, DASS SIE SICH AUF IHRE MENSCHEN IN ALLEN LEBENSLAGEN GANZ UND GAR VERLASSEN KÖNNEN. SIE WERDEN RUHIGER UND GELASSENER, AUCH WENN SIE MIT NEUEN LEBENSSITUATIONEN KONFRONTIERT WERDEN.

Ein weiterer großer Vorteil, den regelmäßige Spiele mitbringen, ist ihre stressabbauende und toleranzfördernde Wirkung. Sie erhöhen zudem den Ausstoß von »Glückshormonen«. Wird der Hund durch das Spielen ausgepowert und geistig wie körperlich gefordert, kann er wesentlich ausgeglichener leben und das Familienmitglied sein, das wir uns wünschen. Das Spiel zwischen Hund und Hundeführer hat noch dazu einen hohen belohnenden Wert und kann für manchen Hund schöner sein als ein Leckerli. Wichtig ist dabei allerdings, immer im Hinterkopf zu behalten, welchen Typ Hund man an seiner Seite hat und das bei der Auswahl der Spiele zu bedenken.

SPIELE UNTER HUNDEN

Wann ist ein Spiel ein Spiel? Wann macht es allen Beteiligten noch Freude und sie sind aus freien Stücken dabei und wann wird aus dem Fangen-Spielen auf der Hundewiese ein Alle-hetzen-Einen? Häufiger als Sie vielleicht glauben, kommt es vor, dass die Menschen dastehen und sich unterhalten, während ihre Hunde »miteinander spielen«, das Spiel aber gar nie eines war oder zumindest unbemerkt gekippt ist. Was ist also noch Spiel und was ist Piesackerei?

Beobachten Sie Ihren Hund einmal, wenn er mit seinen Kumpeln auf der Wiese herumtobt. Die Hunde jagen sich, einer rennt davon, der andere hinterher, dann wechselt es blitzschnell und der »Gejagte« wird zum »Jäger«. Mal wirft sich der eine hin und der andere »gewinnt«, dann dreht es sich wieder und die Rollen sind vertauscht. Dieser Rollentausch gehört zum Hundespiel. Jeder hat mal die Oberhand und gibt sie auch wieder ab. Ein weiteres Merkmal davon, dass es sich noch um ein Spiel unter Freunden oder Bekanntschaften handelt, sind kurze Pausen, welche die Hunde immer wieder zwischendurch einlegen. Und auch mithilfe ihrer Körper können Hunde zeigen, dass wirklich alles spielerisch gemeint ist. Ihre Bewegungen sind übertriebener als sonst und auch im Gesicht ist es ihnen an dramatisierter Mimik abzulesen: Da fliegen die Zungen und die Mäuler werden extrem weit aufgerissen.

Wichtig beim Beobachten und Einschätzen von spielenden Hunden ist, ihre individuellen Hintergründe und Erlebnisse zu bedenken, ebenso wie ihre Rassezugehörigkeit. Hunde unterschiedlicher Rassen unterscheiden sich nicht nur äußerlich, sie haben auch andere

Spielgewohnheiten und Vorlieben. Während es bei manchen schon eher etwas körperbetonter zugehen darf, rennen andere vielleicht lieber oder lassen es langsamer angehen. All diese Unterschiede gilt es für die Hunde unter sich – aber auch Sie als Beobachter – zu navigieren. Das ist doch sowieso viel spannender als ein Blick aufs Handy, oder?

DAS IST ALLES MEINS! DIE RESSOURCENVERTEIDIGENDE AGGRESSION

Als Ressource, also etwas, auf das der Hund Zugriff hat, um seine Bedürfnisse zu befriedigen, können wir beispielsweiße **Futter, Wasser, Spielzeug** oder auch Liegeplätze zählen. Wer in der Natur Zugang zu den notwendigen Ressourcen hat und diese erfolgreich gegen andere verteidigen kann, überlebt nicht nur, er wird seine Gene an die nächste Generation weitergeben. Dass wir unseren Hunden gerne und natürlich regelmäßig Futter, Wasser & Co. geben, dass sie sozusagen das All-inclusive-Paket bekommen, wissen wir Menschen. Den Hunden können wir das aber nicht so einfach verständlich machen. Gerade bei Hunden, die aus dem Tierschutz – vor allem aus dem Ausland – zu uns nach Deutschland gebracht wurden, kann das vorkommen. Einige von ihnen haben schon ein Leben hinter sich, in dem Ressourcen knapp und umstritten waren.

Vielleicht haben Sie ein solches ressourcenverteidigendes Verhalten ja schon einmal bei Ihrem eigenen Vierbeiner oder bei dem von Freunden oder Familienmitgliedern erlebt oder beobachtet: Der Hund möchte nicht, dass sich jemand seinem Futter, Wassernapf oder Spielzeug nähert, geschweige denn diese anfasst und sogar hochhebt und wegnimmt. Mitteilen kann er uns das auf unterschiedliche Weisen: Er wird steif, bleibt nahe bei der zu verteidigenden Sache und möglicherweise beginnt er zum Beispiel damit, das Futter im Napf schneller zu

Die Individualdistanz ist der spezifische geringste Abstand, auf den sich andere Tiere und Menschen einem Hund nähern können, ohne dass dieser das als eine Grenzüberschreitung empfindet, auf die er reagieren muss. Als Reaktionen kämen zum einen das Ausweichen infrage, zum anderen etwa Knurren oder sogar ein Angriff. Wie groß die Individualdistanz ist, unterscheidet sich von Tier zu Tier und variiert auch je nach Situation: Dem einen Hund macht es wenig aus, wenn andere dicht an ihn herankommen. Beim anderen Hund ist der Abstand größer. Eine Rolle spielt auch, ob der Hund sein Gegenüber kennt, wie sich dieses verhält und welche Erfahrungen der Hund in der Vergangenheit mit seinem Gegenüber bereits gemacht hat.

fressen, wenn sich ihm jemand nähert und seine Individualdistanz unterschreitet. Wichtig ist: Er teilt sich uns mit, es handelt sich um Aggression, hinter der eine soziale Motivation steckt.

Um zu zeigen, dass die Ressource ihm gehört, kann sich der Vierbeiner auch groß machen, er duckt sich über sie oder legt seine Pfote darauf. Vielleicht schnappt er sich das Futter oder Spielzeug und trägt sie an eine Stelle, an der er sich ungestörter wähnt. Hat er diese Möglichkeit nicht oder bleibt für ihn die vermeintliche Gefahr bestehen, seine Ressource zu verlieren, kann es sein, dass der Hund knurrt und die Zähne zeigt. Mit diesem ritualisierten Drohverhalten zeigt er, dass das, was da gerade passiert, für ihn überhaupt nicht in Ordnung ist. Würden wir versuchen, das Knurren zu verhindern, täten wir nur eines: unserem Hund eine Ausdrucksweise klauen. Damit ist aber weder ihm noch uns geholfen.

Es kann passieren, dass der ressourcenverteidigende Hund sogar eine Strategie wählt, die uns noch weniger gefällt: Er schnappt in die Luft oder beißt. Mit all diesen sich steigernden Verhal-

Rassen wie der Kangal wurden dazu gezüchtet, Viehherden zu schützen. Weder tierische noch menschliche Eindringlinge sollten sich ihren Schützlingen nähern.

tensweisen bringt der Hund zum Ausdruck, dass ihm die Situation nicht passt. Er teilt sich uns also mit. Er gibt uns die Chance, ihn zu verstehen und angemessen auf sein Verhalten zu reagieren. Das ist doch echt nett von ihm, oder? Und ganz ehrlich: Wenn ich etwas Leckeres auf meinem Teller habe, möchte ich auch nicht, dass jemand vom Nachbartisch aufsteht und es probiert. Die Ausdrucksweisen unserer Hunde können so fein sein, dass es schwer ist, sie zu sehen und als das zu erkennen, was sie sind. »Aus dem Nichts heraus« passiert wenig. Schon Blicke oder ganz feine körpersprachliche Zeichen können hilfreiche Hinweise darauf sein, was in den Hunden vorgeht.

JEDER HUND IST ANDERS

Wie sich das Verhalten zeigt und in welchem Ausmaß, hängt von unterschiedlichen Faktoren ab. Dazu zählt zum Beispiel, wie wichtig die Ressource für den einzelnen Hund ist und wer derjenige oder diejenige ist, vor dem/der er sie verteidigen möchte. Darüber hinaus spielen auch die Charaktereigenschaften des Hundes eine Rolle. Zeigt schon ein junger Hund bereits das Verhalten, sollte schleunigst daran gearbeitet werden, bevor es schlimmer werden kann oder der Hund es von einer Ressource auf mögliche weitere überträgt.

DIE RESSOURCE AUFMERKSAMKEIT

Um eine Ressource, die es zu verteidigen gilt, kann es sich auch bei der Aufmerksamkeit handeln, die Herrchen und Frauchen ihrem Liebling zukommen lassen. Ein Hund, der im Alltag stets die volle Aufmerksamkeit seiner Menschen hat, kann sauer werden, wenn sie sich plötzlich auf jemand anderen oder etwas anderes verschiebt. Das kann ein Kind sein, ein anderer Hund oder auch ein Spiel. Der Hund wird versuchen, die verlorengegangene Aufmerksamkeit wieder zurückzubekommen. Er bellt vielleicht, zeigt Spielaufforderungen oder missachtet Kommandos. Wenn er sich nicht so brav benimmt wie sonst, ist ihm schließlich die Aufmerksamkeit der Zweibeiner sicher. Wie stark Hunde reagieren, ist individuell unterschiedlich. Faktoren wie Stress, wie hungrig oder satt der Vierbeiner gerade ist und wer sich ihm nähert, spielen bei der Ressourcenverteidigung ebenso eine Rolle. Über all das können und sollten wir nachdenken, wenn es um unsere Hunde und ihre Verhaltensweisen geht.

WAS KANN ICH TUN?

Wenn Ihr Hund dazu tendiert, Ressourcen zu verteidigen, gehen Sie das Problem immer über dessen Ursachen an. Lassen Sie zum Beispiel Spielzeuge nicht offen herumliegen. Richten Sie Ihrem Hund einen eigenen Rückzugsplatz ein. Wenn er sich dort aufhält, soll er ungestört bleiben – von großen und kleinen Zweibeinern. Achten Sie darauf, dass Ihr Liebling in Ruhe sein Futter fressen kann. Alternativ können Sie ihn auch immer wieder aus der Hand füttern. Damit Ihr Hund Ihre Aufmerksamkeit nicht allein für sich beansprucht, können Sie ebenfalls mit ihm üben: Bringen Sie ihm bei, dass er nicht immer die erste Geige spielt und dass das auch in Ordnung ist. Während Sie mit jemandem reden, geben Sie Ihrem Hund beispielsweise zu verstehen, dass er bitte jetzt Sitz oder Platz zu machen hat – so lange, bis Sie das Signal wieder auflösen. Hier gilt natürlich wie immer: Üben Sie in kurzen Einheiten. Die Zeit, die Ihr Hund im Sitz oder Platz verbringen soll, steigern Sie langsam.

Buddy, eine Fallgeschichte

Immer wieder höre ich von meinen Kunden, dass ihre Hunde so aggressiv wären, weil sie ihr Futter verteidigen und/oder sie nicht auf »ihr« Sofa lassen wollen. Nun ja, eigentlich gehört das Sofa ja den Zweibeinern und auch das Futter, das der Hund frisst, ist erst einmal ihres. Aber der Hund ist keinesfalls durchgehend sauer und aggressiv, sondern er zeigt situationsbedingt, was er nicht möchte. Der erste Schritt zu einem harmonischeren Zusammenleben ist es, das zu verstehen. Ich betone in solchen Fällen immer, dass es nicht um die Symptome geht, sondern um die Ursachen. Um die Probleme besser einschätzen zu können, besuche ich meine Kunden zuhause. So war es auch bei Buddy.

Buddy lebt in einem zweistöckigen Häuschen mit Garten. An der Haustür begrüßte er mich gleich als erster, ohne dass sich sein Frauchen einschaltete. Er sprang mich an und bellte. Es dauerte ein wenig, bis ich mich zum Wohnzimmer vorgearbeitet hatte. Dass Buddy so ziemlich alles machen durfte und konnte, was er wollte, war mir relativ schnell klar. Er hatte weder Regeln zu befolgen, noch einen eigenen Platz oder gesunde Distanz zu seinen Menschen. Im Wohnzimmer sprang Buddy gleich auf das Sofa. Als er mitbekam, dass ich mich ihm näherte, wurde er schnell steif. Als ich noch näher kam, fing er an zu knurren. Für sein Frauchen war das der Beweis dafür, dass ihr Hund hochaggressiv sei. Das sei auch beim Fressen zu beobachten. Sie stellte Buddy Futter hin, zu dem er gleich hinrannte. Als sie versuchte, Buddy den Napf wegzunehmen, ging er nahtlos in Drohstellung über, fletschte seine Zähne und knurrte. Freiwillig gab Buddy gar nichts her. Das bedeutete aber nicht, dass er ein aggressiver Hund war. Vielmehr hatte er sich zu einem Hund entwickelt, der Ressourcen verteidigte.

Was war passiert, dass es überhaupt so weit gekommen war? Zunächst einmal hatte Buddys Frauchen ihm keine klaren Grenzen gesetzt, sondern ließ ihn so ziemlich alles selbst entscheiden. Er hatte gelernt, dass das Sofa und das Futter seins waren – Teilen unerwünscht. Aber nicht nur das: Auch sein Frauchen zählte Buddy quasi zu dem, worüber er bestimmen konnte. Immer, wenn sein Herrchen nach Hause kam und Frauchen in den Arm nehmen wollte, rastete Buddy aus.

Um die Situation zu entspannen und der Familie zu helfen, richteten wir als erstes Tabuzonen ein. In diesen durfte sich Buddy nicht mehr aufhalten. Dazu zählten die Küche, das Bad und auch das Sofa. Darüber hinaus begann Buddys Frauchen damit, ihn einmal täglich aus der Hand zu füttern. Wenn er den Napf hingestellt bekam, durfte er erst zu diesem hin, nachdem er sich hingesetzt, zu seinem Frauchen geschaut und von ihr die Erlaubnis bekommen hatte. Danach hatte sein Frauchen die Aufgabe, Buddy in Ruhe fressen zu lassen. Indem sie den Alltag für ihren Hund strukturiert hatte und ihn klar führte, konnte sich Buddy daran halten und das Leben wurde für Hund und Mensch wieder schön. Grenzen zu setzen bedeutet nicht, seinem Hund das Hundsein zu vermiesen. Ganz im Gegenteil: Indem der Hund ein sicheres Gerüst an Regeln und Grenzen vermittelt bekommt, geben wir ihm Freiheit, Hund zu sein und sich verstanden zu fühlen.

DIE TERRITORIALE AGGRESSION

Als Territorium eines Hundes lässt sich der räumliche Bereich beschreiben, den er als den eigenen, gegen Bedrohungen und Eindringlinge zu bewachenden und verteidigenden, ansieht. In diesem Kontext kann ein solcher Hund territorial-aggressives Verhalten zeigen. Das Territorium kann die **Wohnung** oder das **Haus** umfassen, in dem der Hund zuhause ist, ebenso wie den dazugehörigen **Garten** und **Hof**. Eventuell zählt ein Hund aber auch die **Gärten der Nachbarn** oder sogar die **ganze Straße** zu seinem Territorium. Auch das **Auto** ihrer Zweibeiner oder die Strecke, auf der sie während eines Spazierganges unterwegs sind, erachten manche Hunde als Bestandteile ihres Territoriums.

Manche Hunde bringen eine große territoriale Motivation mit, weil das über Jahrhunderte eine vom Menschen gewünschte Eigenschaft war. Über die gezielte Zucht mit ausgewählten Tieren wurde dafür gesorgt, dass diese Veranlagung und das Potenzial in den Hunden vorhanden ist. Dazu zählt zum Beispiel der Rassetyp Herdenschutzhunde wie der Kuvasz aus Ungarn, der Kangal aus der Türkei oder der Kaukasische Owtscharka aus der ehemaligen Sowjetunion.

Dass diese Hundetypen oft mehr als »nur« den heimischen Hof und Garten als ihr Territorium betrachten, lässt sich ebenfalls mit einem Blick auf die Aufgaben erklären, für die sie gezüchtet wurden: Wenn die Herden, welche die Hunde beschützten, weiterzogen, mussten die Herdenschutzhunde weiterhin die ihnen anvertrauten Schafe, Ziegen oder Rinder bewachen. Ihre Arbeitsgebiete waren also veränderlich und nicht an einzelne Orte gebunden. Auch der deutsche Hovawart ist eine Gebrauchshunderasse, zu deren Aufgaben es gehört(e), auf den Hof aufzupassen, wie der Name es bereits verrät. Allerdings war/ist sein Arbeitsplatz für gewöhnlich weniger groß als bei Kangal & Co.

Ich möchte übrigens nicht sagen, dass jeder Hovawart, Kangal oder Kuvasz viel Motivation mitbringt, ein Territorium abzustecken, zu bewachen und zu verteidigen. Es gibt genauso Hunde, die zwar zu diesen Rassen gehören, aber kaum eine solche Motivation an den Tag legen und auch gar nicht viel Lust aufs Bewachen haben. Es spielt eben nicht nur die Zucht und die Genetik eine Rolle dabei, was aus einem Hund wird, sondern auch dessen individuelle Entwicklung, die Lernerfahrungen, die er in seinem Leben macht und nicht zuletzt auch die Erziehung durch uns Menschen!

Nähert sich ein fremder Mensch oder ein fremdes Tier dem Bereich eines sich territorial verhaltenden Hundes, stehen diesem mehrere Möglichkeiten offen, diese »Bedrohung« zu vertreiben. Seine Missgunst können wir dem Hund sowohl ansehen als auch anhören:

1. Die Ohren des Hundes sind nach vorne gerichtet.
2. Das Fell am Nacken und Rücken ist leicht gesträubt.
3. Die Rute ist hoch erhoben. Sie kann auch leicht wackeln.
4. Der Hund zeigt die Zähne etwas.
5. Er fixiert den Menschen oder das Tier.
6. Er bellt laut, knurrt und macht sich groß.

Der Hund kann es uns nicht mit Worten sagen, dafür zeigt er uns mit all diesen Bestandteilen aus seinem ganz normalen Verhaltensrepertoire: Bis hierher und keinen Schritt weiter. Leider haben viele Hunde mit ihrem territorialen Verhalten oft Erfolgserlebnisse, ohne dass ihre Menschen das direkt mitbekommen: Erschreckt der wie wild bellende Hund am Gartenzaun Passanten, die natürlich vorbeigehen, hat er ein Erfolgserlebnis. Schließlich hat er sein »Reich« gegen die potenziellen Eindringlinge verteidigt. Und ein Verhalten, dass sich für den Hund in der Vergangenheit als zielführend und erfolgreich herausgestellt hat, wird er immer wieder zeigen. Aus einem ab und an gezeigten Verhalten wird eine Strategie.

Nicht jeder territorial aggressive Hund verwehrt alles und jedem Eintritt. Im Gegenteil: Man-

Das ist mein Spielzeug! Hunde nutzen ihr Maul und ihre Zähne in den unterschiedlichsten Ausdrücken, um sich zu verständigen und auch um klarzumachen, dass ihnen etwas nicht passt.

che Hunde lassen Besuch, Paketzusteller & Co. durchaus in ihr Territorium – nur im Anschluss dann eben nicht mehr hinaus. Sollten Sie selbst einmal einem Hund begegnen und das Gefühl haben, dass er gerade sein Territorium verteidigt und sie als Bedrohung oder Eindringling sieht, verhalten Sie sich am besten folgendermaßen: Schauen Sie dem Hund nicht direkt und lang ins Gesicht. Verlassen Sie langsam das Gelände, ohne dem Hund Ihren Rücken zuzuwenden.

Territorialverhalten legen nicht nur Hunde an den Tag, die dazu gezüchtet wurden. Auch Vierbeiner, die von ihren Menschen wenig beachtet werden, können darauf zurückfallen. Und zwar aus Langeweile, sozusagen als Ersatzhandlung. Die einen fangen an zu bellen, die anderen bewachen die Haustür, wieder andere zerlegen etwas und die nächsten kontrollieren alles und jeden. Wenn sich der Zweibeiner dann ärgert, ist das aus Hundesicht umso besser! Schließlich ist ihm dann Aufmerksamkeit sicher.

EIN TERRITORIALER LABRADOR

Wer »Labrador« hört, wird wohl kaum direkt an einen Hund denken, der sich stark territorial verhält. Schließlich wurden Labradore ursprünglich eher als Jagdhunde und nicht als Bewacher von Haus und Hof gezüchtet. Das heißt aber nicht, dass sie nicht dazu in der Lage sind, diese Rolle anzunehmen und auszufüllen. Ich wurde einmal auf einen Hof gerufen, auf dem ein siebenjähriger Labrador zu Hause war. Das Problem: Er wurde richtig sauer, wenn es an der Haustür klingelte und jemand die Wohnung betrat.

Was hatte zu diesem Verhalten geführt? Die Antwort war recht schnell gefunden: Der Labrador hatte am Tag nicht viel Ansprache durch seine Menschen und noch dazu wenig Auslauf. Es gab keine Regeln, die er zu befolgen hatte. Der Hund konnte sich also verhalten, wie er wollte, und machen, wozu er Lust hatte. Die Abwesenheit von Ansprache und Aufgaben füllte er auf eine Weise, die für ihn sinnvoll erschien: Er fing an, die Menschen um ihn herum zu kontrollieren. Das wurde zu seinem Lebensinhalt.

WAS KANN ICH TUN?

Damit es gar nicht erst so weit kommt, dass ein Hund ein Territorium verteidigt, können Sie unterschiedliche Dinge unternehmen: Gehen Sie zum Beispiel nicht Tag um Tag auf der gleichen Route mit Ihrem Hund spazieren. Wechseln Sie lieber immer wieder verschiedene Gassistrecken ab. Achten Sie dabei auch immer darauf, mit anderen Hunden und deren Besitzern in Kontakt zu kommen. Die Strecke gehört nicht Ihrem Hund, er ist so wie alle anderen auch »zu Gast«.

Achten Sie darüber hinaus auch bei sich zuhause darauf, dass Sie Ihren Hund nicht unbeaufsichtigt alleine im Garten lassen und er aus Langeweile damit beginnt, zu bellen. Es ist wichtig, dass Sie Ihren Liebling mit den passenden Beschäftigungen sowohl körperlich als auch geistig auslasten. Stellen Sie außerdem klare Regeln auf, die Sie liebevoll aber konsequent durchsetzen. Sie und Ihr Hund werden zudem davon profitieren, wenn Sie Tabuzonen einrichten, in die Ihr Vierbeiner keine Pfote zu setzen hat. Mehr darüber erzähle ich Ihnen in meinem Buch »Wir verstehen uns: Hundeerziehung mit Verstand + Gefühl«.

DIE SCHMERZBEDINGTE AGGRESSION

Ein Hund kann auch aggressiv reagieren, wenn er Schmerzen hat. Das passiert zum Beispiel, wenn ein Hund in einen Unfall oder eine Beißerei verwickelt war, oder wenn er sich bei einem Spaziergang verletzt hat. Wir wollen ihn anfassen, um ihm zu helfen, kommen aber in die Nähe einer schmerzenden Stelle oder berühren sie sogar. Der Hund möchte sich vor möglichem Schmerz schützen oder er versucht, dafür zu sorgen, dass der durch die Berührung ausgelöste Schmerz wieder abnimmt. Dazu wird der Hund eventuell schnappen oder sogar beißen. Wir kennen das von uns selbst: Tut uns etwas weh, wollen wir nicht, dass uns jemand an dieser Stelle auch noch anfasst. Oder wir reagieren in Situationen gereizt, die uns sonst völlig schnuppe sind.

Hinter schmerzbedingtem aggressivem Verhalten können auch Ohrenentzündungen stecken, eine Unterfunktion der Schilddrüse und chronische Erkrankungen, die Gelenke und Nerven in Mitleidenschaft ziehen. Die Erkrankungen sind den Hunden von außen oft nicht direkt anzusehen. Daher werden sie häufig auch nicht als Auslöser des aggressiven Verhaltens erkannt. Ihr Hund schleckt sich immer an der gleichen Stelle? Er frisst nicht gut oder verhält sich generell anders als üblich? Ein Besuch in der Tierarztpraxis kann genauso die Ursachen dafür aufdecken und zu den Lösungsmöglichkeiten gehören wie die Arbeit mit Fachleuten, die auf Verhalten und Training spezialisiert sind.

Vielleicht steckt hinter einer plötzlich auftretenden Aggression auch ein Schmerz, der zum Beispiel durch einen Fremdkörper ausgelöst wird. Will sich Ihr Hund an einer ganz bestimmten Stelle einfach nicht mehr anfassen lassen? Versuchen Sie vorsichtig, die betroffene Stelle genauer anzuschauen – gegebenenfalls mit der Hilfe einer weiteren Person. Oft ist es auch in solchen Situationen notwendig, dass ein Tierarzt oder eine Tierärztin das Stückchen Ast, den Stein oder die Granne entfernt.

Schmerzbedingte Aggression ist nur eine von vielen möglichen Verhaltensänderungen, die Hunde zeigen können, wenn sie Schmerzen haben. Sie ist quasi eine Notwehrreaktion, mit der sich der Vierbeiner davor schützen möchte, noch mehr Schmerzen zu empfinden. Gerade auch ältere Hunde können sie an den Tag legen, wenn ihnen altersbedingt etwas wehtut.

DIE RANG- UND STATUSBEDINGTE AGGRESSION

In Kapitel 1 haben wir uns bereits damit beschäftigt, dass Hunde auf geordnete soziale

Gefüge angewiesen sind und dass jedes Mitglied einer Familie mit den anderen in einer bestimmten Beziehung steht. Ist eine läufige Hündin in der Nähe, kann es dazu kommen, dass sich Rüden als Geschlechtsrivalen Elementen des Aggressionsverhaltens bedienen. Der Statushöhere wird aus Hundesicht eher die Chance haben, sich der Hündin zu nähern. Der andere zieht den Kürzeren.

Sofern Sie lediglich einen Hund haben, werden Sie auf dieses Verhalten wahrscheinlich nur stoßen, während Sie Gassi gehen oder auf der Hundewiese sind. Für alle, die mehrere Hunde auf einmal halten, erfordert das viel Fingerspitzengefühl und ein Gespür für Gruppendynamik und Timing. Statusbedingte Aggression kann ein Hund aber auch gegenüber Menschen zeigen. Das geschieht zum Beispiel, wenn er sich als ranghöher einschätzt als den Zweibeiner, eine Regel nicht akzeptieren will und hinterfragt, ob der Mensch überhaupt das Recht hat, ihm etwas vorzuschreiben und über ihn zu verfügen.

Wenn es um die heimische Couch geht, auf der es sich der Hund bequem gemacht hat und von der er sich nicht vertreiben lassen will, muss das nicht etwas mit der »Ressource Couch« zu tun haben. Es könnte auch darum gehen, wer entscheiden darf, wer sich auf die Couch setzt oder legt und wer den Kürzeren zu ziehen hat. Im Endeffekt dreht sich dabei alles darum, wer welchen Status genießt und die damit zusammenhängende Entscheidungsgewalt hat.

DIE BESCHÜTZENDE AGGRESSION

Hunde könne auch aggressives Verhalten zeigen, wenn sie sich selbst, ihre Bezugspersonen oder den Nachwuchs vor vermeintlichen Gefahren und Bedrohungen – sei es durch Menschen oder andere Hunde – schützen möchten. Hündinnen sollten wir durchaus das Recht zugestehen, ihre Welpen zu verteidigen. Das nennt sich mütterliche Aggression. Je älter der Nachwuchs wird, desto mehr wird dieses Verhalten abnehmen. Ab einem gewissen Zeitpunkt freut sich die Hündin sogar über Pausen von den lieben Kleinen, ihren spitzen Zähnen und unbändigem Spielwillen.

Zeigt der Mensch in anderen Situationen aber nicht die nötige Souveränität, sieht sich der Hund eventuell in der Pflicht, einzuschreiten und vermeintlich bedrohliche Situationen selbst zu regeln. Es kann schon reichen, wenn die Bezugsperson einer anderen Person die Hand schüttelt oder umarmt wird. Auch scheinträchtige Hündinnen können dieses Verhalten an den Tag legen. Gerade bei Herdenschutzhunden lässt sich das öfters beobachten.

Die Ansicht, dass Hunde solche Situationen unter sich ausmachen sollten, ist völlig veraltet. Und wir sollten uns auch nicht freuen und unsere Hunde in ihrem Verhalten bestärken, wenn sie uns beschützen. Denn was einmal als okay gilt, ist es in einer anderen Situation eventuell nicht mehr. Vielmehr sollten wir an uns und unserer Führungskompetenz arbeiten, damit unsere Hunde sich eben nicht genötigt sehen, in Auseinandersetzungen die Chefrolle zu übernehmen. Indem wir ihnen die nötige Sicherheit vermitteln, zeigen wir, dass beschützende Aggression nicht notwendig ist.

DIE AGGRESSION AN DER LEINE

Um eine quasi mit der beschützenden Aggression verwandte Art des Aggressionsverhaltens kann es sich bei der Leinenaggression handeln: Der Mensch geht mit seinem Hund an der Leine spazieren und begegnet einem anderen Hund-Mensch-Duo. Anstatt sich friedlich anzunähern, fängt ein leinenaggressiver Hund an zu bellen, zu pöbeln und sich vielleicht sogar in die Leine zu werfen. Mehr oder weniger stark ausgeprägte Probleme an der Leine sind bei vielen Hunden zu beobachten und zählen zu den häufigsten Gründen, warum Hundebesitzer bei Expertinnen und Experten Hilfe suchen. Hunde sind oft leinenaggressiv, weil sie sich nicht sicher fühlen und versuchen, sich vor Artgenossen oder anderen vermeintlichen Bedrohungen zu beschützen.

DAS MOTTO LAUTET QUASI: »ANGRIFF IST DIE BESTE VERTEIDIGUNG.«

Der Hund geht laut bellend nach vorne. Das hat nicht zwangsläufig mit fehlender Leinenführigkeit zu tun. Und dieses Verhalten ist auch kein Ausdruck von Sicherheit und Souveränität. Vielmehr kann es sowohl der Unsicherheit des Hundes geschuldet sein als auch dem Umstand, dass ihm das Vertrauen darin fehlt, dass der Mensch jede Situation regeln kann und wird. Wer seinem Hund die nötige Ruhe geben kann und die Leine als helfendes Bindeglied zwischen sich und dem Zweibeiner etabliert, anstelle sie als Rückhaltevorrichtung zu nutzen, wird mit dieser Art des Aggressionsverhaltens kaum zu tun haben.

Es kommt auch vor, dass Hunde, die sich an der Leine aggressiv verhalten, plötzlich in diese hineinbeißen oder sogar den Menschen, der die Leine hält, erwischen. Das passiert dann, wenn der Hund bei der Begegnung mit dem anderen Hund seine Aggression nicht an diesen richten kann, weil er ja zurückgehalten wird.

Pöbelt ein Hund an der Leine während des Spaziergangs, kann auch eine Motivation dahinterstecken, die wir uns bereits angesehen haben: die territoriale. Passt einem Hund, der die Gegend, in der er mit seinem Menschen unterwegs ist, als sein Territorium ansieht, ein anderer Vierbeiner nicht, wird er das möglicherweise auch an der Leine lautstark klarmachen. Das hat in diesem Fall dann eher wenig mit der Absicht zu tun, sich selbst oder den Menschen schützen zu wollen. Der andere Hund gehört nicht ins Revier und soll sich schnellstens verziehen! Welche Reaktionen bei territorial aggressiv handelnden Hunden seitens des Menschen möglich sind, habe ich ebenfalls bereits angesprochen.

Die hündische Kommunikation ist für uns Menschen oft sehr subtil. Ein Abwenden des Blicks und Lecken über die Nase können Beschwichtigungssignale sein. Wird das nicht erkannt, bedient sich der Hund möglicherweise noch »klarerer« Signale.

DIE FRUSTRATIONSBEDINGTE AGGRESSION

Hunde, die frustriert sind, haben Stress. Um diesen abzubauen, bleibt ihnen häufig nichts anderes übrig, als »Fehlverhalten« zu zeigen, etwa zu beißen. Hinter dem Stress stecken oft ganz schnöde Ursachen: ein Mangel an Beschäftigung und Auslastung etwa oder auch mangelnder Kontakt zu anderen Hunden. Anders als früher, als sehr viele Hunde noch spezifische Aufgaben zu erfüllen hatten, um sich ihr Futter zu verdienen, haben viele unserer heutigen Vierbeiner nichts mehr zu tun. Aber kein Hund ist dazu gemacht, Löcher in die Luft zu starren und nur herumzuliegen.

Andere Extreme, die zu Frustration führen können, sind übrigens ständige Überbelastung sowie Überforderung. Ein Paradebeispiel dafür sind Hütehunde wie Australian Shepherds oder Border Collies, deren Besitzer es zwar durchaus gut mit ihnen meinen, sie aber mit zu vielen Spielen und Sportarten überfrachten. Die Balance zwischen Arbeit und Pausen, Action und Entspannung, will gefunden und eingehalten werden. Überfordern kann einen Hund auch das bereits erwähnte Annehmen von Aufgaben, die eigentlich sein Mensch zu erfüllen hätte. Sie sehen, die unterschiedlichen Arten von Aggressionsverhalten sind keinesfalls immer und überall klar voneinander abgrenzbar.

Frustrierend kann es für einen Hund auch sein, wenn er sich immer wieder für ihn unangenehmen Situationen ausgesetzt sieht, ohne dass er sich zurückziehen kann oder sich sein Mensch zwischen ihn und den oder das Ungewünschte stellt. Das kann zum Beispiel etwas ganz Alltägliches sein, über das man vielleicht sogar gar nicht groß nachdenkt. So bringen wir unseren Kindern bei, einen fremden Hund nicht zu streicheln, ohne vorher um Erlaubnis gefragt zu haben. Und das ist natürlich genau richtig! Seltsam ist aber, dass sich Erwachsene an diese Regel oft nicht halten. Wie würden Sie sich fühlen, wenn Sie an der Ampel stehen, ein Fremder auf sie zukommt und Ihnen einfach über den Kopf streichelt oder Sie in den Arm nimmt? Wir reden hier wohlgemerkt nicht von George Clooney oder einem sonstigen Promi. Sie würden sich bestimmt fragen, was das soll und empört sein, oder? Um unangenehme Situationen zu vermeiden, sollten wir also mit unseren eigenen Hunden und ebenso mit fremden Vierbeinern der Hunde-Etikette entsprechend umgehen.

Verzichten Sie darauf,

1. Hunden in die Augen zu starren
2. Hunde sehr breit anzulächeln
3. sich mit dem Oberkörper über Hunde zu beugen
4. einfach so dem Hund über den Kopf zu streicheln und ihn ohne zu fragen anzufassen.

Es ist je nach Hund unterschiedlich, ab wann er diese Dinge als unangenehm empfindet. Aus Hundesicht – und auch aus Menschensicht – ist es aber definitiv höflich, nicht mit der Tür ins Haus zu fallen und sich rücksichtsvoll zu verhalten.

Von oben den Kopf des Hundes streicheln – das können Hunde als unangenehm und sogar bedrohlich empfinden.

Ein Wort zum Schluss

WERDEN SIE EIN TEAM »AUF 6 PFOTEN«! BINDUNG, KONSEQUENZ, AUFMERKSAMKEIT, KOMMUNIKATION, AKTION – REAKTION UND (VOR ALLEM) SPASS – DAS SIND DIE BAUSTEINE EINER ERFOLGREICHEN HUNDEERZIEHUNG.

Wenn Sie an all diesen Bausteinen arbeiten, wird daraus ein festes Gebäude: eine starke Beziehung zu Ihrem Hund. Jeder einzelne Schritt auf dem Weg zu dieser starken Beziehung ist wichtig. Orientieren Sie sich nicht an einem fernen Ziel, sondern feiern Sie die vielen kleinen Erfolge. Ein Ende des Weges gibt es nicht – und das ist das Schönste an der Partnerschaft zwischen Mensch und Hund.

Zum Schluss möchte ich den Menschen und auch den Hunden danken, von denen ich lernen durfte und die mich auf meinem eigenen Weg begleitet und unterstützt haben. Ein besonderer Dank gilt allen, die an der Entstehung dieses Buches mitgewirkt und mir erlaubt haben, ihre Geschichte zu erzählen.

Holger Schüler ist Botschafter des DER HUND *Club* und Experte bei DER HUND, Deutschlands renommiertester Hundezeitschrift.

Kontakt zu Holger Schüler:
holger.schueler@aufsechspfoten.de · www.aufsechspfoten.de